xEV-sEries

하이브리드
이론과 실무

GoldenBell
www.gbbook.co.kr

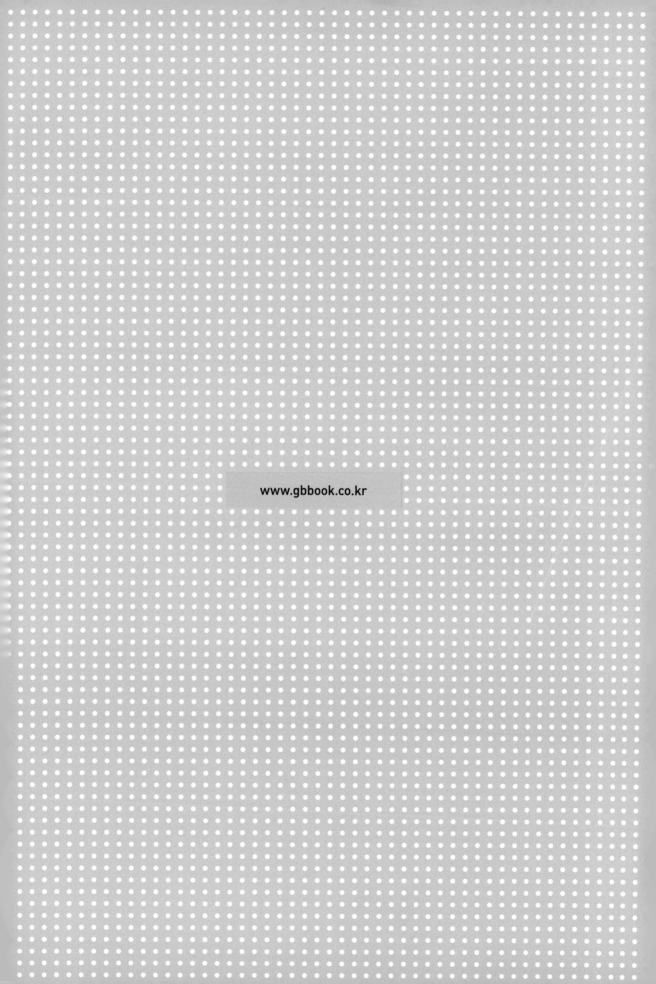

www.gbbook.co.kr

www.gbbook.co.kr

머리말

하이브리드 자동차와 수소연료전지차, 플러그인 하이브리드 자동차, 전기자동차 여기에 자율주행 자동차까지, 차례로 등장하는 차세대 자동차를 보면서 많은 사람은 100년이 넘는 자동차 시장에 시대적 전환기를 맞고 있다고 생각될 것입니다.

모든 과학기술이 그렇듯이 자동차를 둘러싼 신기술에 대한 도전도 끊임없이 계속되고, 그를 통해 새로운 친환경 자동차들이 계속해서 탄생하기 때문입니다.

여기에 전 세계적인 기후 위기에 심각성을 절감한 선진국은 앞다투어 탄소제로 도전을 선언하고, 자동차 메이커들은 친환경 자동차 개발 및 생산에 앞장서고 있습니다. 물론 개발도상국까지도 상황 대처에 동조하고 나서면서 선진국과의 협력을 통해 적응하려고 힘쓰고 있습니다.

친환경자동차의 핵심 기술은 고성능/고전압 축전지, 연료전지, 전기기계, 전력전자, 시스템 전자제어 등에 관한 기술입니다. 이런 핵심 기술은 제4차 산업혁명과 더불어 국가의 미래 먹거리로 성장하고 있습니다. 따라서 핵심 인재 양성을 통해 산업현장의 인력 수요에 대한 기여는 국가적 당위성이라 할 수 있습니다.

이와 같은 관점에서 새로운 친환경자동차의 시스템 원리와 메커니즘에 대한 기본적인 이해가 이 책을 통해 조금 더 깊어지기를 바라면서 이 책을 집필하였습니다. 일선 교육기관에서는 내연기관 중심의 교육과정을 탈피하여 xEV 신기술로의 전환·가속화되기를 바랍니다.

2022. 1
지은이

차 례

chapter 04 ▶ HEV 차량 분해 실무 정비작업

chapter 05 ▶ HEV 차량 조립 실무 정비작업

chapter
06 ▶ HEV 차량 진단 실무

1 기초 전기·전자 개요

1 전기·전자 기초 이론

(1) 전기

한모든 물질은 분자로 구성되어 있으며, 분자는 원자의 집합체로 구성되어 있다. 또 원자는 원자핵과 전자로 구성되어 있으며, 원자핵은 다시 양성자와 중성자 분류한다. 그리고 전자 궤도를 형성하고 있는 전자 중에서 가장 바깥쪽 궤도를 회전하고 있는 전자를 **가전자**라 부르며, 이 가전자는 원자핵으로부터 구속력이 약하기 때문에 궤도에서 쉽게 이탈할 수 있으므로 이와 같은 전자를 **자유전자**(free electron)라고 한다.

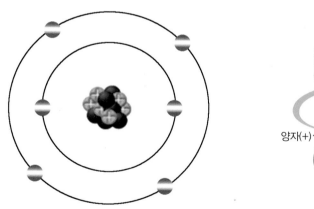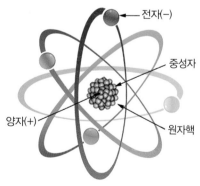

그림 원자의 구조

1) 전류

도선을 통하여 전자가 이동하는 것을 전류라 한다.

① 전류의 단위(amper : A)

- 전류의 단위는 암페어, 기호는 A
- 전류의 양은 도체의 단면에서 임의의 한 점을 매초 이동하는 전하의 양으로 나타낸다.
- 1A : 도체 단면에 임의의 한 점을 매초 1쿨롱(C)의 전하가 이동할 때의 전류를 말한다. $1C = 6.25 \times 10^{18}$개의 전자나 양성자 등이 지닌 전하량

$$I = \frac{Q}{t}$$

② 전류의 3대 작용

- **발열 작용** : 시거라이터, 예열 플러그, 전열기, 디프로스터, 전구
- **화학 작용** : 축전지, 전기 도금
- **자기 작용** : 전동기, 발전기, 솔레노이드

2) 전압

- 도체에 전류를 흐르게 하는 전기적인 압력을 전압이라 한다.
- **기전력**[볼트 : Volt, 기호는 E] : 전하를 이동시켜 끊임없이 발생되는 전기적인 압력이라 하며, 기전력을 발생시켜 전류원(電流源)이 되는 것을 **전원**(電源)이라 한다.
- 단위로는 **볼트**, 기호는 V 를 사용한다.
- 1V란 : 1Ω의 도체에 1A의 전류를 흐르게 할 수 있는 전기적인 압력을 말한다.
- 전류는 전압차가 클수록 많이 흐른다.

3) 저항

- 전류가 물질 속을 흐를 때 그 흐름을 방해하는 것을 저항이라 한다.
- 저항의 단위는 옴, 기호는 Ω
- 1Ω이란 : 도체에 1A의 전류를 흐르게 할 때 1V의 전압을 필요로 하는 도체의 저항을 말한다.

- **도체의 재질과 형상에 의한 저항**
- 도체의 저항은 그 길이에 비례하고 단면적에는 반비례한다.
- 도체의 단면적이 크면 저항이 감소한다.
- 도체의 길이가 길면 저항이 증가한다.
- 물질의 고유저항 : 길이 1m, 단면적 1m²인 도체 두면간의 저항값을 비교하여 나타 낸 비저항을 고유 저항이라 한다.

$$R = \rho \times \frac{l}{A}$$

R : 물체의 저항(Ω) ρ : 물체의 고유 저항($\Omega\,cm$)
l : 길이(cm) A : 단면적(cm)

표1 도체의 종류에 다른 고유저항

도체의 종류	고유저항($\mu\Omega\,cm$)	도체의 종류	고유저항($\mu\Omega\,cm$)
은	1.62	니켈	6.90
구리	1.69	철	10.00
금	2.40	강	20.60
알루미늄	2.62	주철	57~114
황동	5.70	니켈-크롬	100~110

- **고유저항(ρ)에 따른 분류**
  - 도체 : $10^{-4} \sim 10^{-6}$ ohm cm
  - 반도체 : $10^{-2} \sim 10^{-4}$ ohm cm
  - 절연체 : 10^{10} ohm cm 이상

① **저항과 온도와의 관계**

- 보통의 일반 금속은 온도가 상승하면 저항이 증가하지만 반대로 반도체 및 절연체 등은 감소한다.
- 온도가 1℃ 상승하였을 때 변화하는 저항값의 비율을 온도계수에 따른 저항변화라고

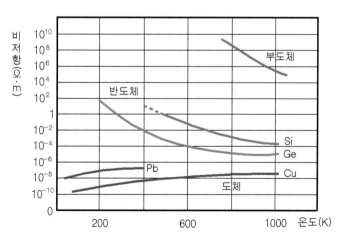

그림 온도와 저항과의 관계

한다.

$$R_{t1} = R_{t0}\{1 + \alpha_{t0}(t_1 - t_0)\}$$

α_{t0} : t_0에서 저항의 온도계수(TCR, Temperature Coefficient of Resistivity)

t_0 : 초기온도, t_1 : 나중온도

② 저항의 종류

• **절연 저항** : 절연체의 저항을 절연 저항이라 한다.

절연저항은 절연체를 사이에 두고 전압을 가하면 절연체의 절연 정도에 따라 매우 작은 양이기는 하지만 전류가 누설되는데 이때의 저항을 **절연저항**이라고

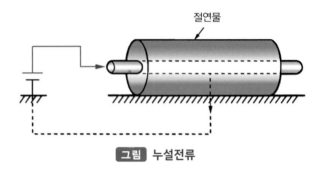

그림 누설전류

부르며, 이때 흐르는 전류를 **누설전류**라 한다. 절연저항의 단위는 메가 옴($M\Omega$)이다.

• **접촉 저항** : 접촉면에서 발생되는 저항을 접촉 저항이라 한다.

접촉저항은 접촉면에서 발생되는 저항을 말하며 헐겁게 접촉되거나 녹, 페인트 등을 떼어 내지 않고 전선을 연결하면 그 접촉면 사이에서 저항이 생겨 전류 흐름을 방해하는 저항을 접촉저항이라 한다.

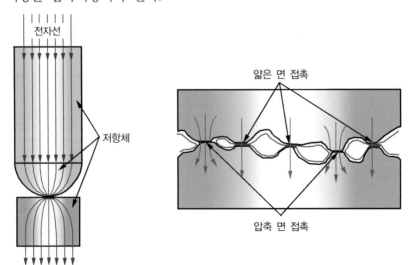

그림 접촉저항

접촉저항을 감소시키는 방법은 다음과 같다.

- 접촉 면적과 압력을 크게 한다.
- 접촉 부분에 납땜을 하거나 단자에 도금을 한다.
- 단자를 설치할 때 와셔를 이용한다.
- 전기 접점을 닦아 낸다.

③ 저항을 사용하는 목적

- 저항은 전기 회로에서 전압 강하를 위하여 사용한다.
- 회로에서 부품에 알맞은 전압으로 강하시키기 위해서 사용한다.
- 부품에 흐르는 전류를 감소시키기 위해서 사용한다.
- 변동되는 전압이나 전류를 얻기 위해서 사용한다.

④ 저항의 연결법

ⓐ **직렬 접속**

- 전압을 이용할 때 결선한다.
- 합성 저항의 값은 각 저항의 합과 같다.
- 동일 전압의 축전지를 직렬 연결하면 전압은 개수 배가 되고 용량은 1개 때와 같다.

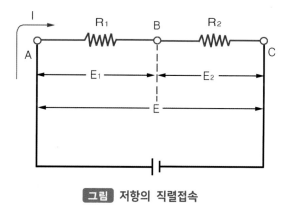

그림 저항의 직렬접속

$$R = R_1 + R_2 + R_3 + \cdots\cdots + R_n$$

ⓑ **병렬 접속**

- 전류를 이용할 때 결선한다.
- 합성 저항은 각 저항의 역수의 합의 역수와 같다.
- 동일 전압의 축전지를 병렬 접속하면 전압은 1개 때와 같고 용량은 개수 배가 된다.

$$\frac{1}{R} = \frac{1}{R_1} + \frac{1}{R_2} + \frac{1}{R_3} + \cdots\cdots + \frac{1}{R_n}$$

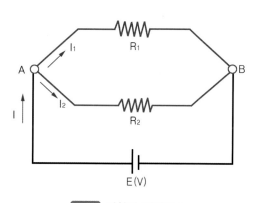

그림 저항의 병렬접속

(2) 전기회로

1) 옴의 법칙(Ohm's Law)

전기회로에 흐르는 전압, 전류 및 저항은 서로 일정한 관계가 있으며, 1827년 독일의 물리학자 옴(Ohm)에 의해 도체를 흐르는 전류(I)는 도체에 가해진 전압(E)에 비례하고, 그 도체의 저항(R)에 반비례한다고 정리하였으며, 이를 옴의 법칙이라 한다.

$$I = \frac{E}{R}$$

I : 도체에 흐르는 전류 [A]
E : 도체에 가해진 전압 [V]
R : 도체의 저항 [Ω]

2) 전압 강하

① 전류가 도체에 흐를 때 도체의 저항이나 회로 접속부의 접촉 저항 등에 의해 소비되는 전압
② 전압 강하는 직렬 접속시에 많이 발생된다.
③ 전압 강하는 축전지 단자, 스위치, 배선, 접속부 등에서 발생된다.
④ 각 전장품의 성능을 유지하기 위해 배선의 길이와 굵기가 알맞은 것을 사용하여야 한다.

3) 저항의 접속에 따른 전압과 전류의 배분

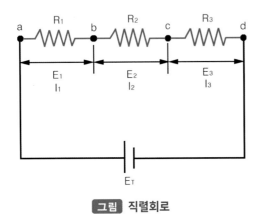

$I = \dfrac{E}{R}$에서 $I = $일정, $E \propto R$

$$I_T = I_1 = I_2 = I_3$$
$$E_T = E_1 + E_2 + E_3$$
$$R_T = R_1 + R_2 + R_3$$

그림 직렬회로

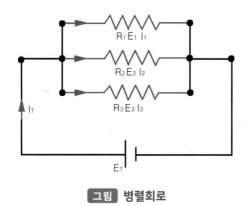

$$I = \frac{E}{R} \text{에서} \quad E = \text{일정}, \quad I \propto \frac{1}{R}$$

$$E_T = E_1 = E_2 = E_3 \, I_T = I_1 + I_2 + I_3$$

$$\frac{1}{R_T} = \frac{1}{R_1} + \frac{1}{R_2} + \frac{1}{R_3}$$

그림 병렬회로

4) 키르히호프 법칙

- 옴의 법칙을 발전시킨 법칙이다.
- 복잡한 회로에서 전류의 분포, 합성 전력, 저항 등을 다룰 때 이용한다.

① 키르히호프 제1법칙(KCL : Kirchhoff's Current Law)

- 전하의 보존 법칙이다.
- 복잡한 회로에서 한 점에 유입한 전류는 다른 통로로 유출된다.
- 회로 내의 한 점으로 흘러 들어간 전류의 총합은 유출된 전류의 총합과 같다는 법칙이다.

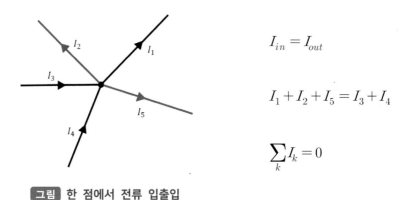

$$I_{in} = I_{out}$$

$$I_1 + I_2 + I_5 = I_3 + I_4$$

$$\sum_k I_k = 0$$

그림 한 점에서 전류 입출입

② 키르히호프 제 2법칙(KVL : Kirchhoff's Voltage Law)

- 에너지 보존 법칙이다.
- 임의의 한 폐회로에서 한 방향으로 흐르는 전압 강하의 총합은 발생한 기전력의 총

합과 같다.

- 기전력의 총합 = 전압 강하의 총합이다.

$$E_T = E_1 + E_2 + E_3$$

$$\sum_j V_{source,j} = \sum_k V_{device,k}$$

5) 전지의 접속

① 내부저항

- 전지는 제조과정에서 아무리 잘 만들어도 불순물 등이 포함되어 무시할 수 없는 내부 저항을 가지고 있다.

$$I = \frac{E}{R+r}$$

- 일반적으로 전지의 내부저항(r)은 외부저항(R)에 비해 대단히 적은 값이어서 특별한 언급이 없는 경우 회로에서 무시할 수 있지만, 제조사에서 제시한 규정의 내부저항값 범위를 벗어날 경우 전지 성능에 영향을 미친다.(보통 1.5배 이상시 불량)

② 전지의 접속

전지 1개로는 기전력이 부족하거나 용량이 작아서 높은 전압이나 전류를 얻기 어려운 경우가 많다. 이에 큰 전압이나 큰 전류를 얻기 위한 목적으로 다수의 전지를 직렬이나 병렬로 접속하여 전원으로 사용한다.

ⓐ 직렬접속

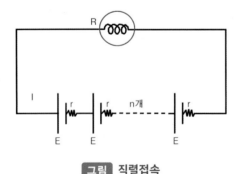

n : 직렬

$I = \dfrac{nE}{R+nr}$ 전지 개수

r : 전지 내부저항

그림 직렬접속

ⓑ **병렬접속**

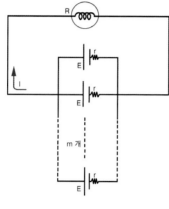

$$I = \frac{mE}{mR + r}$$

m : 병렬 전지 개수
r : 전지 내부저항

그림 병렬접속

③ **xEV 고전압 배터리 응용[1)]**

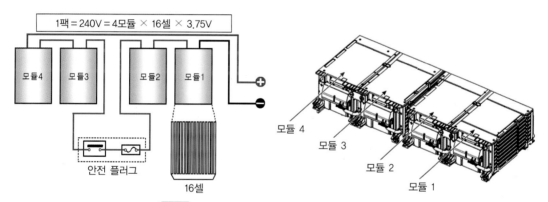

그림 현대 아이오닉 HEV 고전압 배터리 팩

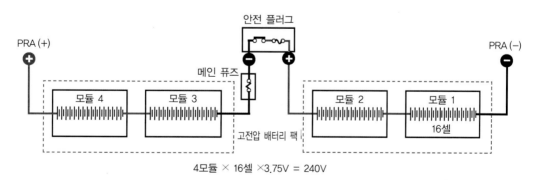

4모듈 × 16셀 ×3.75V = 240V

그림 현대 아이오닉 HEV 고전압 배터리 팩 내부 결선

---

1) 현대자동차, https://gsw.hyundai.com/ 아이오닉 2020년식 G 1.6GDI HEV 정비지침서

표2 현대 아이오닉 HEV 고전압 배터리 팩 제원

형식	LiPB(리튬이온 폴리머배터리, 파우치형)
셀구성	16셀×4모듈 =64셀(1셀=3.75V)
정격 전압(V)	240V 단자 전압(정격 1C방전, SOC55%, 20℃)
정격 용량(Ah)	6.5Ah 배터리 초기성능(20℃)
정격 에너지(Wh)	1,560Wh(정격용량*정격전압)
방전 최대파워(kW)	최대 42kW
충전 최대파워(kW)	최대 39kW
작동 전압(V)	160~275V (2.5V ≤ 셀전압 ≤ 4.3V) (200V ≤ 팩전압 ≤ 310V)
작동 전류(A)	-250 ~ 250

6) 전력

① 전력의 표시

- 전기가 하는 일의 크기를 말한다.
- 단위 : 와트, 기호 : w, kw
- $P = EI = I^2 R = \dfrac{E^2}{R}$

② 와트(W)와 마력

- 마력은 기계적인 힘을 나타낸 것.
- $1\,\mathrm{ps} = 75\,\mathrm{kg_f m/s} = 0.7355\,\mathrm{kW} = 632.3\mathrm{kcal/h}$
- $1\mathrm{HP} = 76\,\mathrm{kg_f m/s} = 0.7457\mathrm{kW} = 641.6\mathrm{kcal/h}$

  HP : ⑲ Horse Power

  PS : ⑭ Pferde stärke

  CV : ⑲ Cheval vapeur

7) 전력량(Wh)

- 전력이 어떤 시간 동안에 한 일의 총량을 전력량이라 한다.
- 전력량은 전력과 사용 시간에 비례한다.

- 전력량은 전력에 사용한 시간을 곱한 것으로 나타낸다.
- $W = P \quad t = EI \quad t = I^2 R \, t$

8) 줄의 법칙(Joule' Law)

① 이 법칙은 저항에 의하여 발생되는 열량은 전류의 2승과 저항을 곱한 것에 비례한다. 즉, 저항 R(Ω)의 도체에 전류 I(A)가 흐를 때 1초마다 소비되는 에너지 I2R(W)은 모두 열이 된다. 이때의 열을 줄 열이라 한다.

② $H \fallingdotseq 0.24P \quad t = 0.24EI \quad t = 0.24I^2 R \, t$ (cal)

> 참고   1 Nm = 1 J   1cal = 4.186 J   1 W = 1 J/s

③ 전선의 허용 전류

허용 전류는 전선에 전류가 흐르면 전류의 2승에 비례하는 주울 열이 발생되어 절연 피복을 변질 및 소손하여 화재발생 원인이 되므로 전선에는 안전한 전류 상태로 사용할 수 있는 한도의 전류를 말한다.

④ 퓨즈(Fuse)

퓨즈는 단락(Short)으로 인하여 전선이 타거나 과대 전류가 부하로 흐르지 않도록 하는 안전장치이며, 퓨즈의 접속이 불량하면 전류의 흐름이 저하되고 끊어진다. 퓨즈는 회로에 직렬로 연결되며, 재료는 납+주석+창연+아연의 합금이다.

⑤ 전기회로 정비시 주의사항

- 전기회로 배선 작업을 할 때 진동, 간섭 등에 주의하여 배선을 정리한다.
- 차량에 외부 전기장치를 장착 할 때는 전원 부분에 반드시 퓨즈를 설치한다.
- 배선 연결 회로에서 접촉이 불량하면 열이 발생하므로 주의한다.

⑥ 암전류 측정

- 점화스위치를 OFF한 상태에서 점검한다.
- 전류계는 축전지와 직렬로 접속하여 측정한다.
- 암 전류 규정 값은 약 20~40mA이다.
- 암 전류가 과다하면 축전지와 발전기의 손상을 가져온다.

9) 축전기(condenser)

① 정전 유도 작용을 이용하여 전하를 저장하는 역할을 한다.

② **정전 용량** : 2장의 금속판에 단위 전압을 가하였을 때 저장되는 전하의 크기를 말한다.

③ **1패럿(F)** : 1V의 전압을 가하였을 때 1쿨롱의 전하를 저장하는 축전기의 용량을 말한다.

④ **정전 용량**

- 금속판 사이 절연체의 절연도에 정비례한다.
- 가해지는 전압에 정비례한다.
- 상대하는 금속판의 면적에 정비례한다.
- 상대하는 금속판 사이의 거리에는 반비례한다.

⑤ $Q = CE$ Q : 전하량(C), C : 정전용량(F), E : 전압(V)

- 직렬 접속시 $\dfrac{1}{C} = \dfrac{1}{C_1} + \dfrac{1}{C_2} + \cdots\cdots + \dfrac{1}{C_n}$

- 병렬 접속시 $C = C_1 + C_2 + \cdots\cdots + C_n$

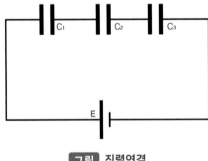

그림 직렬연결

$Q = CE$ 에서 $Q = $ 일정, $E \propto \dfrac{1}{C}$

$Q_T = Q_1 = Q_2 = Q_3$

$E_T = E_1 + E_2 + E_3$

$\dfrac{1}{C_T} = \dfrac{1}{C_1} + \dfrac{1}{C_2} + \dfrac{1}{C_3}$

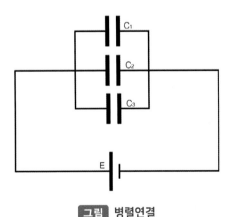

그림 병렬연결

$Q = CE$ 에서 $E = $ 일정, $Q \propto C$

$E_T = E_1 = E_2 = E_3$

$Q_T = Q_1 + Q_2 + Q_3$

$C_T = C_1 + C_2 + C_3$

(3) 자기

1) 쿨롱의 법칙

- 전기력과 자기력에 관한 법칙이다.
- 2개의 대전체 사이에 작용하는 힘은 거리의 2승에 반비례하고 대전체가 가지고 있는 전하량의 곱에는 비례한다.

$$F = K_e \frac{q_1 \times q_2}{r^2}$$

F : 전기력(N), $K_e = 8.99 \times 10^9$

q_1, q_2 : 전하량(C), r : 거리(m)

- 2개의 자극 사이에 작용하는 힘은 거리의 2승에 반비례하고 두 자극의 곱에는 비례한다.
- 두 자극의 거리가 가까우면 자극의 세기는 강해지고 거리가 멀면 자극의 세기는 약해진다.

$$F = K_m \frac{M_1 \times M_2}{r^2}$$

F : 자기력(N), $K_m = 6.33 \times 10^4$

M_1, M_2 : 자속(Wb), r : 거리(m)

2) 자기 유도

- 자성체를 자계 내에 넣으면 새로운 자석이 되는 현상을 자기 유도라 한다.
- 철편에 자석을 접근시키면 자극에 흡인되는 현상(자화 현상).
- 솔레노이드 코일에 전류를 흐르게 하면 철심이 자석으로 변화되는 현상.

(4) 전류가 만드는 자계

1) 앙페르의 오른 나사 법칙

- 전류에 의해 발생하는 자기장에 관한 설명이다.
- 전류가 도선에 흐를 때 발생하는 자기장의 방향에 대한 것으로 오른손 엄지손가락 방향이 전류의 방향이고 이대 검지손가락이 감싸는 방향이 자기장의 방향이 된다.

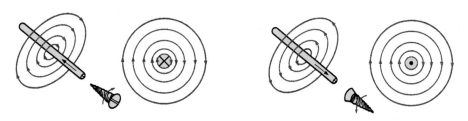

그림 앙페르의 오른나사 법칙

- **평행한 두 도선 사이에 발생하는 힘**

  두 도선의 전류 흐름 방향이 동일시 인력작용, 전류 흐름 방향이 다를시 척력작용

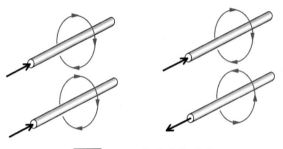

  그림 두 도선 사이의 자계

- **원형 도선에서 발생하는 자기장**

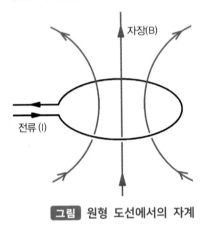

  그림 원형 도선에서의 자계

- **솔레노이드에서 발생하는 자기장**

  원형 도선을 계속 감은 것을 솔레노이드(solenoid)라 한다. 오른손으로 전류 흐름 방향으로 감아쥐고 이때 엄지손가락이 가리키는 방향이 N극이 된다.

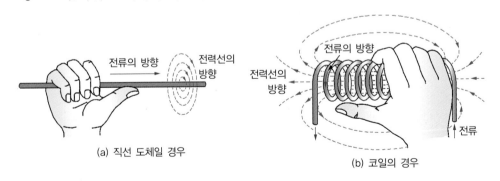

  그림 솔레노이드에서의 자계

2) 페러데이의 법칙

- 자기장에 의해 발생하는 전기에 관한 설명으로 자기장이 변화하게 되면 전기가 발생하는데 이때 발생된 전기를 "유도기전력"이라고 한다.
- 유도기전력의 세기는 코일의 감은 수(N), 자석의 세기($\emptyset$)에 비례하고, 자기장이 변화하는 시간(t)와는 반비례한다.

$$E \ = \ N \ \times \ \frac{d\Phi}{dt}$$

3) 렌츠의 법칙

- 페러데이의 법칙은 기전력의 세기에 관한 것이라면, 렌츠의 법칙은 기전력의 방향에 관한 것이다.
- 유도기전력은 자속의 움직임을 방해하는 방향으로 생성된다.

$$E \ = \ -N \ \times \ \frac{d\Phi}{dt}$$

(5) 전자력

- 자계와 전류 사이에서 작용하는 힘을 전자력이라 한다.
- 자계 내에 도체를 놓고 전류를 흐르게 하면 도체에는 전류와 자계에 의해서 전자력이 작용한다.
- 전자력의 크기는 자계의 방향과 전류의 방향이 직각이 될 때 가장 크다.
- 전자력은 자계의 세기, 도체의 길이, 도체에 흐르는 전류의 양에 비례하여 증가한다.

① 플레밍의 왼손법칙

- 왼손 엄지(전자력), 인지(자력선방향), 중지(전류 방향)를 서로 직각이 되게 하면 도체에는 엄지손가락 방향으로 전자력이 작용한다.
- 기동 전동기, 전류계, 전압계

ⓐ 직류 전동기의 원리

- 직권 전동기 : 계자 코일과 전기자 코일이 직렬로 접속(기동 전동기)
- 분권 전동기 : 계자 코일과 전기자 코일이 병렬로 접속(환풍기 모터, 자동차에서 냉각장치의 전동 팬)
- 복권 전동기 : 계자 코일과 전기자 코일이 직병렬로 접속

② **플레밍의 오른손 법칙**

- 오른손 엄지(운동방향), 인지(자력선방향), 중지(기전력)를 서로 직각이 되게 하면 중지 손가락 방향으로 유도 기전력이 발생한다.

③ **전자 유도 작용**

ⓐ 유도 기전력의 크기(페러데이의 법칙)

- 단위 시간에 잘라내는 자력선의 수에 비례한다.
- 상대 운동의 속도가 빠를수록 유도 기전력이 크다.

$$E = \frac{\Phi - \Phi'}{t}$$

E : 유도 기전력
Φ : 최초 교차하고 있는 자력선의 수
Φ' : 변화된 자력선의 수
t : 자력선이 변화될 때의 소요시간

도체가 N권의 코일이라면

$$E = N \times \frac{\Phi - \Phi'}{t} = N \times \frac{d\Phi}{dt}$$

ⓑ **렌츠의 법칙** : 도체에 영향하는 자력선을 변화시켰을 때 유도 기전력은 코일내의 자속의 변화를 방해하는 방향으로 생긴다.

$$E = -N \times \frac{\Phi - \Phi'}{t} = -N \times \frac{d\Phi}{dt}$$

④ **자기 유도 작용**

- 하나의 코일에 흐르는 전류를 변화시키면 변화를 방해하는 방향으로 기전력이 발생되는 현상.
- 자기 유도 작용은 코일의 권수가 많을수록 커진다.
- 자기 유도 작용은 코일 내에 철심이 들어 있으면 더욱 커진다.
- 유도 기전력의 크기는 전류의 변화 속도에 비례한다.

$$E = -L \times \frac{di}{dt}$$

⑤ **상호 유도 작용**

- 2개의 코일에서 한쪽 코일에 흐르는 전류를 변화시키면 다른 코일에 기전력이 발생

되는 현상.

- 직류 전기 회로에 자력선의 변화가 생겼을 때 그 변화를 방해 하려고 다른 전기 회로에 기전력이 발생되는 현상.
- 상호 유도 작용에 의한 기전력의 크기는 1차 코일의 전류 변화 속도에 비례한다.
- 상호 유도 작용은 코일의 권수, 형상, 자로의 투자율, 상호 위치에 따라 변화된다.
- 작용의 정도를 상호 인덕턴스 M으로 나타내고 단위는 헨리(H)를 사용한다.

$$E \;=\; -M \times \frac{di}{dt}$$

⑥ 변압기에서 권선비에 따른 전압비(자동차용 점화코일에서 응용)

$$\frac{E_2(2\text{차코일 상호유도기전력})}{E_1(1\text{차코일 자기유도기전력})} = \frac{N_2(2\text{차코일 권선수})}{N_1(1\text{차코일 권선수})}$$

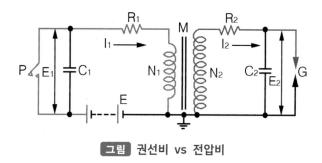

그림 권선비 vs 전압비

(6) 전자

1) 반도체

① **도체, 반도체, 절연체**

- **도체** : 자유전자가 많기 때문에 전기를 잘 흐르게 하는 성질을 가짐
- **반도체** : 고유 저항이 $10^{-2} \sim 10^{-4}\,\Omega \cdot \mathrm{cm}$ 정도로 도체와 절연체의 중간 성질을 나타냄
- **절연체** : 자유전자가 거의 없기 때문에 전기가 잘 흐르지 않는 성질을 가짐

② **반도체**

- **진성 반도체** : 게르마늄(Ge)과 실리콘(Si) 등 결정이 같은 수의 정공(hole)과 전자가 있는 반도체

ⓐ 불순물 반도체

- P(Positive)형 반도체 : 실리콘의 결정(4가)에 3가의 원소[알루미늄(Al), 인듐(In)]를 혼합한 것으로 정공(홀) 과잉 상태인 반도체를 말한다.
- N(Negative)형 반도체 : 실리콘의 결정(4가)에 5가의 원소[비소(As), 안티몬(Sb), 인(P)]를 혼합한 것으로 전자 과잉 상태인 반도체를 말한다.

ⓑ 반도체의 특성

- 실리콘, 게르마늄, 셀렌 등의 물체를 반도체라 한다.
- 온도가 상승하면 저항이 감소되는 부온도 계수의 물질을 말한다.
- 빛을 받으면 고유저항이 변화하는 광전 효과가 있다.
- 자력을 받으면 도전도가 변하는 홀(Hall) 효과가 있다.
- 미소량의 다른 원자가 혼합되면 저항이 크게 변화된다.

ⓒ 반도체의 장점

반도체의 장점	반도체의 단점
◦ 매우 소형이고, 가볍다. ◦ 내부 전력 손실이 매우 적다. ◦ 예열 시간을 요하지 않고 곧 작동한다. ◦ 기계적으로 강하고, 수명이 길다.	◦ 온도가 상승하면 그 특성이 매우 나빠진다.(게르마늄은 85℃, 실리콘은 150℃ 이상 되면 파손되기 쉽다.) ◦ 역내압(역 방향으로 전압을 가했을 때의 허용 한계)이 매우 낮다. ◦ 정격 값 이상 되면 파괴되기 쉽다.

2) **서미스터**(thermistor)

- 니켈, 구리, 망간, 아연, 마그네슘 등의 금속 산화물을 적당히 혼합하여 1,000℃ 이상에서 소결시켜 제작한 것으로 온도 변화에 대하여 저항값이 크게 변화되는 반도체의 성질을 이용하는 소자.
- **정특성 서미스터** : 온도가 상승하면 저항값이 상승하는 소자.
- **부특성 서미스터** : 온도가 상승하면 저항값이 감소되는 소자.
- 수온 센서, 흡기 온도 센서 등 온도 감지용으로 사용된다.
- 온도관련 센서 및 액추에이터 소자에는 서모스탯, 서미스터, 바이메탈 등이 있다.
- 일반적으로 서미스터라고 함은 부특성 서미스터를 의미하며, 용도는 전자 회로의 온도 보상용, 수온 센서, 흡기 온도 센서 등에서 사용된다.

3) 다이오드

① 정류 다이오드

- P형 반도체와 N형 반도체를 마주 대고 접합한 것이며, PN 정션(PN junction)이라고
  도 하며, 정류작용 및 역류 방지작용을 한다. 다이오드의 특성은 다음과 같다
- 한쪽 방향의 흐름에서는 낮은 저항으로 되어 전류를 흐르게 하지만, 역 방향으로는
  높은 저항이 되어 전류의 흐름을 저지하는 성질이 있다.
- 순방향 바이어스의 정격 전류를 얻기 위한 전압은 1.0~1.25V정도이지만, 역 방향
  바이어스는 그 전압을 어떤 값까지 점차 상승시키더라도 적은 전류밖에는 흐르지
  못한다.

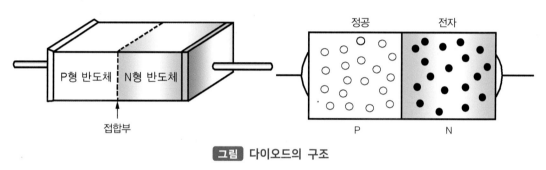

그림 다이오드의 구조

- 전류가 공급되는 단자는 애노드(A), 전류가 유출되는 단자를 캐소드(K)라 한다.
- 한쪽 방향에 대해서는 전류를 흐르게 하고 반대방향에 대해서는 전류의 흐름을 저지
  하는 정류 작용을 한다. (교류 전기를 직류 전기로 변환시키는 정류용으로도 사용된
  다. 순방향 접속에서만 전류가 흐르는 특성을 지니고 있으며, 자동차에서는 교류발전
  기 등에 사용한다.)

(a) 다이오드   (b) 제너 다이오드   (c) 발광 다이오드   (d) 포토 다이오드

그림 각종 다이오드 기호

- 다이오드 정류 회로

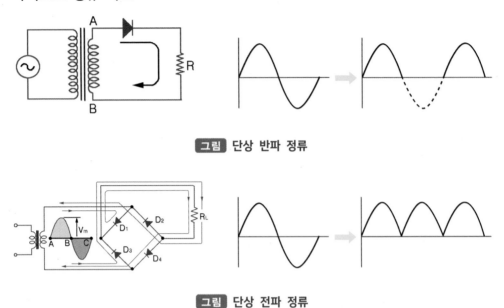

그림 단상 반파 정류

그림 단상 전파 정류

② 제너 다이오드

전압이 어떤 값에 이르면 역방향으로 전류가 흐르는 정전압용 다이오드이다.

- 실리콘 다이오드의 일종이며, 어떤 전압 하에서 역 방향으로 전류가 통할 수 있도록 제작한 것이다.
- 역 방향 전압이 점차 감소하여 제너 전압 이하가 되면 역 방향 전류가 흐르지 못한다.
- 자동차용 교류 발전기의 전압 조정기 전압 검출이나 정전압 회로에서 사용한다.

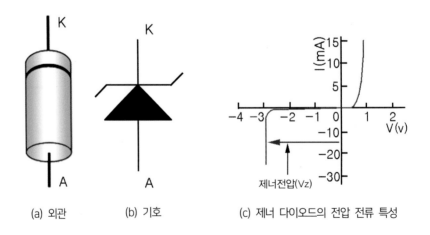

(a) 외관   (b) 기호   (c) 제너 다이오드의 전압 전류 특성

그림 제너다이오드

- 어떤 값에 도달하면 전류의 흐름이 급격히 커진다. 이 급격히 커진 전류가 흐르기 시작할 때를 강복 전압(브레이크 다운전압)이라 한다.

③ **포토 다이오드**(photo diode)

접합면에 빛을 가하면 역방향으로 전류가 흐르는 다이오드이다.

- PN형을 접합한 게르마늄(Ge)판에 입사광선이 없을 경우에는 N형에 정전압이 가해져 있으므로 역 방향 바이어스로 되어 전류가 흐르지 않는다.
- 입사광선을 접합부에 쪼이면 빛에 의해 전자가 궤도를 이탈하여 자유전자가 되어 역방향으로 전류가 흐르게 된다.
- 입사광선이 강할수록 자유전자 수도 증가하여 더욱 많은 전류가 흐른다. 용도는 배전기 내의 크랭크 각 센서와 TDC센서에서 사용한다.

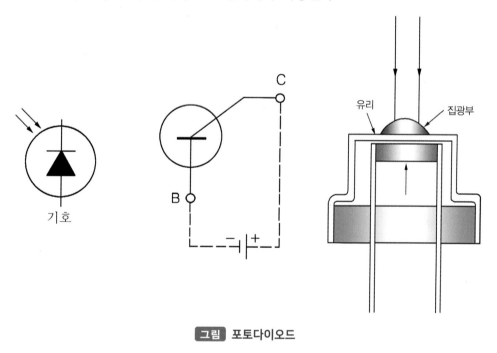

그림 포토다이오드

④ **발광 다이오드**(LED ; Light Emission Diode)

순방향으로 전류가 흐르면 빛을 발생시키는 다이오드이다.

- PN 접합면에 순방향 전압을 걸어 전류를 공급하면 캐리어가 가지고 있는 에너지의 일부가 빛으로 되어 외부에 방사하는 다이오드이다.
- 가시광선으로부터 적외선까지 다양한 빛을 발생한다.

- 발광할 때는 순방향으로 10mA 정도의 전류가 필요하며, PN형 접합면에 순방향 바이어스를 가하여 전류를 흐르게 하면 캐리어(carrier)가 지니고 있는 에너지 일부가 빛으로 변화하여 외부로 방사시킨다.
- 자동차에서는 각종 파일럿램프, 배전기의 크랭크 각 센서와 TDC센서, 차고 센서, 조향핸들 각속도 센서 등에서 사용한다.

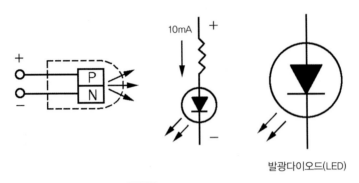

발광다이오드(LED)

그림 발광다이오드

4) 트랜지스터(TR)

트랜지스터는 스위칭 작용, 증폭작용 및 발진작용이 있다.

① PNP형 트랜지스터

- N형 반도체를 중심으로 양쪽에 P형 반도체를 접합시킨 트랜지스터이다.
- 이미터(E), 베이스(B), 컬렉터(C)의 3개 단자로 구성되어 있다.
- 베이스에 흐르는 전류를 단속하여 이미터 전류를 단속하는 트랜지스터이다.
- 트랜지스터의 전류는 이미터에서 베이스로, 이미터에서 컬렉터로 흐른다.

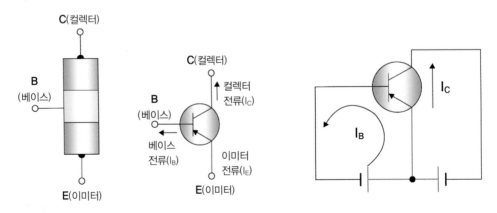

그림 PNP형 트랜지스터

② **NPN형 트랜지스터**

- P형 반도체를 중심으로 양쪽에 N형 반도체를 접합시킨 트랜지스터이다.
- 이미터(E), 베이스(B), 컬렉터(C)의 3개 단자로 구성되어 있다.
- 베이스에 흐르는 전류를 단속하여 컬렉터 전류를 단속하는 트랜지스터이다.
- 트랜지스터의 전류는 컬렉터에서 이미터로, 베이스에서 이미터로 흐른다.

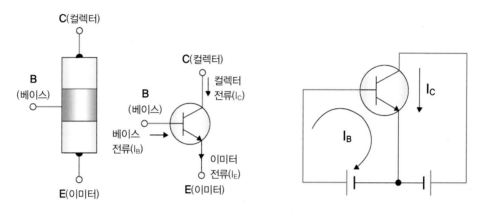

그림 NPN형 트랜지스터

③ **트랜지스터의 작용**

ⓐ **증폭 작용**

- 적은 베이스 전류로 큰 컬렉터 전류를 제어하는 작용을 증폭 작용이라 한다.
- 전류의 제어 비율을 증폭율이라 한다.

$$증폭률 = \frac{컬렉터 전류(Ic)}{베이스 전류(Ib)}$$

- 증폭율 100 : 베이스 전류가 1mA 흐르면 컬렉터 전류는 100mA로 흐를 수 있다.
- 트랜지스터의 실제 증폭율은 약 98정도이다.

ⓑ **스위칭 작용**

- 베이스에 전류가 흐르면 컬렉터도 전류가 흐른다.
- 베이스에 흐르는 전류를 차단하면 컬렉터도 전류가 흐르지 않는다.
- 베이스 전류를 ON, OFF시켜 컬렉터에 흐르는 전류를 단속하는 작용을 말한다.

④ **트랜지스터의 장·단점**

ⓐ **장점**

- 내부에서 전력 손실이 적다.
- 진동에 잘 견디는 내진성이 크다.
- 내부에서 전압 강하가 매우 적다.
- 기계적으로 강하고 수명이 길다.
- 예열하지 않고 곧 작동된다.
- 극히 소형이고 가볍다.

ⓑ **단점**

- 역내압이 낮기 때문에 과대 전류 및 전압에 파손되기 쉽다.
- 온도 특성이 나쁘다.(접합부 온도 : Ge은 85℃, Si는 150℃이상일 때 파괴된다)
- 정격값 이상으로 사용하면 파손되기 쉽다.

5) 포토 트랜지스터

- 외부로부터 빛을 받으면 전류를 흐를 수 있게 하는 감광 소자이다.
- 빛에 의해 컬렉터 전류가 제어되며, 광량(光量) 측정, 광 스위치 소자로 사용된다.
- PN접합부에 빛을 쪼이면 빛 에너지에 의해 발생한 전자와 정공이 외부로 흐른다.

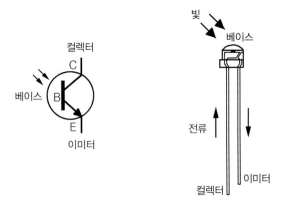

그림 포토 트랜지스터

- 입사광선에 의해 전자와 정공이 발생하면 역전류가 증가하고, 입사광선에 대응하는 출력 전류가 얻어지는데 이를 광전류라 한다.
- PN접합의 2극 소자형과 NPN의 3극 소자형이 있으며, 빛이 베이스 전류 대용으로 사용되므로 전극이 없고 빛을 받아서 컬렉터 전류를 조절한다.
- **포토 트랜지스터의 특징** : 광출력 전류가 매우 크고, 내구성과 신호성능이 풍부하며, 소형이고, 취급이 쉽다.

6) 다링톤 트랜지스터(Darlington TR)

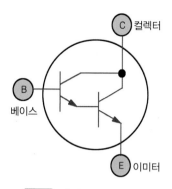

그림 다링톤 트랜지스터

- 2개의 트랜지스터를 하나로 결합하여 전류 증폭도가 높다.
- 높은 컬렉터 전류를 얻기 위하여 2개의 트랜지스터를 1개의 반도체 결정에 집적하고 이를 1개의 하우징에 밀봉한 것이다. 특징은 1개의 트랜지스터로 2개분의 증폭 효과를 발휘할 수 있으므로 매우 적은 베이스 전류로 큰 전류를 조절할 수 있다.

7) 사이리스터(thyrister)

- SCR(silicon control rectifier)이라고도 하며, PNPN 또는 NPNP 접합으로 4층 구조로 된 제어 정류기이며, 스위칭 작용을 한다.
- 단방향 3단자를 사용한다. 즉 (+)쪽을 **애노드**(Anode), (-)쪽을 **캐소드**(Cathode), 제어단자를 **게이트**(Gate)라 부른다.
- 애노드에서 캐소드로의 전류가 **순방향 바이어스**이며, 캐소드에서 애노드로 전류가 흐르는 방향을 **역 방향**이라 한다.
- 순방향 바이어스는 전류가 흐르지 못하는 상태이며, 이 상태에서 게이트에 (+)를, 캐소드에는 (-)를 연결하면 애노드와 캐소드가 순간적으로 통전되어 스위치와 같은 작용을 하며, 이후에는 게이트 전류를 제거하여도 계속 통전상태가 되며 애노드의 전압을 차단하여야만 전류흐름이 해제된다.

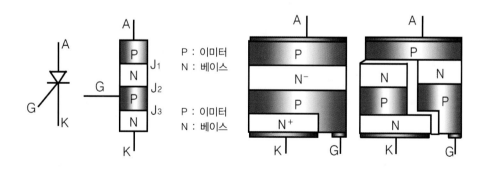

그림 사이리스터

(7) 센서

1) 압력 센서

- 압력센서의 종류에는 LVDT(linear variable differential transformer), 용량형 센서, 반도체 피에조 저항형 센서, SAW형 센서 등이 있다.
- 반도체 피에조(piezo) 저항형 센서는 다이어프램 상하의 압력 차이에 비례하는 다이어프램 신호를 전압변화로 만들어 압력을 측정할 수 있다.
- **반도체 피에조 저항형 센서** : MAP센서, 터보 차저의 과기압 센서 등에 사용된다.
- **피에조 소자 압력 센서** : 엔진 노크 센서
- **용량형 센서** : 게이지 압력 센서
- **LVDT형(차동 트랜지스터식) 센서** : 코일에 발생되는 인덕턴스의 변화를 압력으로 검출하는 센서이다.(MAP센서)

2) 반도체의 효과

- **펠티어(peltier) 효과** : 직류전원을 공급해 주면 한쪽 면에서는 냉각이 되고 다른 면은 가열되는 열전 반도체 소자이다.

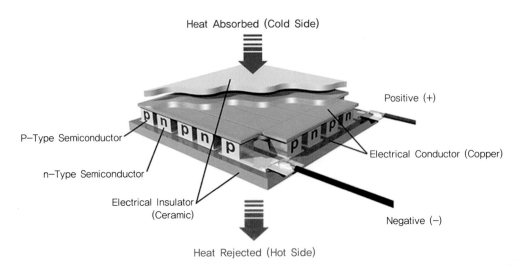

그림 펠티어 효과

https://www.medicaldesignandoutsourcing.com/thermoelectric-cooler-solutions-for-medical-applications/

- **피에조(piezo) 효과** : 힘을 받으면 기전력이 발생하는 반도체의 효과를 말한다.
- **지백(zee back) 효과** : 열을 받으면 전기 저항값이 변화하는 효과를 말한다.

• **홀(hall) 효과** : 2개의 영구 자석 사이에 도체를 직각으로 설치하고 도체에 전류를 공급하면 도체의 한 면에는 전자가 과잉되고 다른 면에는 전자가 부족하게 되어 도체 양면을 가로질러 전압이 발생되는 현상을 말한다. 즉 자기를 받으면 통전 성능이 변화하는 효과를 말한다.

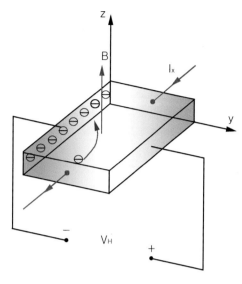

그림 홀 효과
https://www.teachmemicro.com/arduino-magnetic-sensor-using-hall-effect/

(8) 컴퓨터

1) 컴퓨터의 기능

흡입 공기량과 회전속도로부터 기본 분사시간을 계측하고, 이것을 각 센서로부터의 신호에 의한 보정(補整)을 하여 총 분사시간(분사량)을 결정하는 일을 한다. 컴퓨터는 센서로부터의 정보입력, 출력신호의 결정, 액추에이터의 구동 등 3가지 기본 성능이 있다.

2) 컴퓨터의 논리회로

① 기본 회로

ⓐ AND 회로(논리적 회로)
- 2개의 스위치 A, B를 직렬로 접속한 회로이다.
- 입력 A와 B가 모두 1이면 출력 Q는 1이 된다.

논리적 회로		입력		출력
		A	B	Q
		0	0	0
		0	1	0
		1	0	0
		1	0	1

ⓑ OR 회로(논리화 회로)

- 2개의 A, B스위치를 병렬로 접속한 회로이다.
- 입력 A와 B가 모두 0이면 출력 Q는 0이 된다.
- 입력 A가 1이고, 입력 B가 0이면 출력 Q도 1이 된다.

논리화 회로		입력		출력
		A	B	Q
		0	0	0
		0	1	1
		1	0	1
		1	0	1

ⓒ NOT 회로(부정 회로)

- 입력 스위치와 출력이 병렬로 접속된 회로이다.
- 입력 A가 1이면 출력 Q는 0이 되며, 입력 A가 0이면 출력 Q는 1이 된다.

부정 회로		입력	출력
		A	Q
		0	1
		1	0

② **복합 회로**

ⓐ NAND 회로(부정 논리적 회로)

부정 논리적 회로		입력		출력
		A	B	Q
		0	0	1
		0	1	1
		1	0	1
		1	0	0

ⓑ NOR 회로(부정 논리화 회로)

부정 논리화 회로	입력		출력
	A	B	Q
	0	0	1
	0	1	0
	1	0	0
	1	0	0

3) 컴퓨터의 구조

① **RAM**(Random Access Memory ; 일시 기억장치) : 임의의 기억 저장 장치에 기억되어 있는 데이터를 읽던가 기억시킬 수 있다. 그러나 전원이 차단되면 기억된 데이터가 소멸되므로 처리 도중에 나타나는 일시적인 데이터의 기억 저장에 사용된다.

② **ROM**(Read Only Memory ; 영구 기억장치) : 읽어내기 전문의 메모리이며 한번 기억시키면 내용을 변경시킬 수 없다. 또 전원이 차단되어도 기억이 소멸되지 않으므로 프로그램 또는 고정 데이터의 저장에 사용된다.

③ **I/O**(In Put/Out Put ; 입·출력 장치) : I/O는 입력과 출력을 조절하는 장치이며 입출력포트라고도 한다. 입출력포트는 외부 센서들의 신호를 입력하고 중앙처리장치(CPU)의 명령으로 액추에이터로 출력시킨다.

④ **CPU**(Central Precession Unit ; 중앙 처리장치) : CPU는 데이터의 산술연산이나 논리연산을 처리하는 연산부분, 기억을 일시 저장해 놓는 장소인 일시 기억부분, 프로그램 명령, 해독 등을 하는 제어부분 등으로 구성되어 있다.

그림 자동차 제어용 ECU

(9) 교류

시간에 따라 크기와 방향이 주기적으로 변하는 전류로써 보통 AC(Alternating Current)로 표시한다. 발전소로부터 공급되는 전류로 크기와 방향이 주기적으로 바뀌는 전류로서 교번전류라고도 하며, 파형이 주기적이서 평균값이 0이 되므로 실효값을 사용한다. 대표적인 교류는 사인파형이며 직사각형파, 삼각파, 사다리꼴파, 계단파, 펄스파 등의 변형파가 있다.

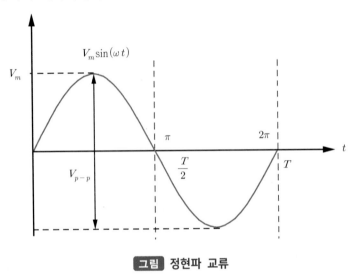

그림 정현파 교류

① **순시값**(v) : 순간 순간 변하는 교류의 임의 시간에 있어서의 값

$$v = V_m \sin \omega t$$

② **최대값(Vm)** : 순시값 중에서 가장 큰 값

③ **피크-피크값**(V_{p-p}) : 파형의 양의 최대값과 음의 최대값 사이의 값

1) 평균값(vavg)

전압 파형의 평균값, 전압 파형의 넓이를 시간으로 나눈값

$V_{avg} = \dfrac{1}{T} \int_0^T V(t) dt$ 그러나 정현파 교류에서는 한 주기가 동안 양의 넓이 값과 음의 넓이 값이 같기 때문에 적분값은 결국 0이 된다. 따라서 정현파의 평균은 반주기의 평균을 가지고 나타낸다.

$$V_{avg} = \frac{2}{T} \int_0^{\frac{T}{2}} V(t) dt = \frac{2}{T} \int_0^{\frac{T}{2}} V_m \sin(\omega t) dt = \frac{2}{\pi} V_m = 0.637 V_m$$

2) 정현파 교류 실효값(RMS : Root Mean Square)

교류 평균값의 한계 때문에 교류에서는 실효값으로 표현한다. 최대전압(V_m)의 크기는 실효값(V_{RMS})$\times \sqrt{2}$ 이다.(예 AC 220V)

$$V_{RMS} = \sqrt{\frac{1}{T}\int_0^T V^2(t)dt} = \sqrt{\frac{1}{2\pi}\int_0^{2\pi} V_m^2 \sin^2(\omega t)dt}$$

$$= \sqrt{\frac{V_m^2}{2\pi}\int_0^{2\pi}\frac{1-\cos(2\omega t)}{2}dt}$$

$$= \sqrt{\frac{V_m^2}{2\pi}\left[\frac{t}{2}-\frac{\sin(2\omega t)}{4\omega}\right]_0^{2\pi}} = \frac{V_m}{\sqrt{2}} = 0.707\,V_m$$

$$I_{RMS} = \sqrt{\frac{1}{T}\int_0^T I^2(t)dt} = \sqrt{\frac{1}{2\pi}\int_0^{2\pi} I_m^2 \sin^2(\omega t)dt}$$

$$= \sqrt{\frac{I_m^2}{2\pi}\int_0^{2\pi}\frac{1-\cos(2\omega t)}{2}dt}$$

$$= \sqrt{\frac{I_m^2}{2\pi}\left[\frac{t}{2}-\frac{\sin(2\omega t)}{4\omega}\right]_0^{2\pi}} = \frac{I_m}{\sqrt{2}} = 0.707 I_m$$

$$P_{avg} = \frac{(V_{RMS})^2}{R} = V_{RMS}\,I_{RMS}$$

3) 교류 주파수 : 우리나라 가정용 교류는 220V 60Hz이다.

$$T = \frac{1}{f}$$

4) 교류 회로(RLC회로)

- **리액턴스(Ω) :** 교류회로에서 교류전류가 흐를 때 그 전류의 흐름을 방해하는 저항의 정도를 말한다. 임피던스의 허수부를 말하며 단위는 옴(Ω)을 사용한다. 도체 내부에서 전류가 한 방향으로 일정하게 흐르면 저항은 생기지만 리액턴스는 생기지 않는데, 교류전류가 도체 내에 흐르면 저항뿐만 아니라 리액턴스도 생기게 된다. 리액턴스는 접속된 전압과 흐르는 전류의 위상이 서로 다르게 나타나며 교류회로에서 전류

의 흐름을 막는 요소는 저항, 인덕턴스, 커패시턴스이다. 인덕턴스에 의한 것을 유도성 리액턴스라고 하고, 커패시턴스에 의한 것을 용량성 리액턴스라고 한다.

표3 교류회로 종류에 따른 리액턴스

회로종류			
리액턴스	R	유도성 리액턴스 $X_L = 2\pi f\,L$	용량성 리액턴스 $X_C = \dfrac{1}{2\pi f\,C}$

- **임피던스(Z)** : 교류회로에서의 여러 가지 저항 성분들의 합성치(Ω)

$$Z = \sqrt{R^2 + (X_L - X_C)^2}$$

- **공진 주파수** : 인덕터와 커패시터의 위상이 서로 반대이기 때문에, 교류 전원의 주파수를 잘 조절하면 회로에 흐르는 저항이 가장 작아지게 만들 수 있다. 즉, 유도 리액턴스와 용량 리액턴스 크기를 같게 하여 서로 상쇄시키면 된다. 이때의 주파수를 공진 주파수(고유 주파수)라 하며, 이 경우 유도 리액턴스와 용량 리액턴스가 서로 상쇄됨으로, 회로의 전류는 오직 저항에 의한 효과만 있다. 교류는 주파수에 따라 유도 리액턴스와 용량 리액턴스가 달라지므로 전류값 또한 주파수에 따라서 달라진다. 즉, RLC회로를 이용하여 원하는 주파수의 전류만 골라낼 수 있다. 이 방법은 라디오 및 무선통신 회로에 널리 사용된다.

$$X_L = X_C$$
$$2\pi f L = \frac{1}{2\pi f C}$$
$$f = \frac{1}{2\pi \sqrt{LC}}$$

(1) 전기 기호 및 심볼

기호 및 심볼	내용	기호 및 심볼	내용
	단일 셀 배터리		커패시터
	멀티 셀 배터리		커패시터(극성)
	AC 전압원		가변 커패시터
	접지		인덕터(에어코어)
	섀시 접지		인덕터(마그네틱코어)
	저항		모스펫
	가변저항		P채널 JFET
	포텐시오미터		N채널 JFET
	도선 접속		PNP TR
	도선 교차		NPN TR
	방전기		PNP 달링턴 TR
	퓨즈		NPN 달링턴 TR

기호 및 심볼	내용	기호 및 심볼	내용
애노드(A) ▷| 캐소드(K)	다이오드	T	온도계
애노드(A) ▶| 캐소드(K)	제너다이오드		마이크
애노드(A) ▷ 캐소드(K)	터널다이오드		버저
애노드(A) ▷ 캐소드(K)	쇼트키다이오드	─o o─	스위치
애노드(A) ▷ 캐소드(K)	발광다이오드	L1 ... COM, L2	스위치
애노드(A) ▷├ 캐소드(K)	바리캡 다이오드		스위치
A1 12 14 / A2 11	릴레이		자기 복귀형 스위치(NO)
─⊗─	전구		자기 복귀형 스위치(NC)
─◠─	전구		자기 복귀형 스위치(혼합형)
A	전류계	B / A SPST A B / C SPDT	
V	전압계		릴레이
F	주파수계	B1 B2 / A1 A2 DPST A1 B1 A2 B2 / C1 C2 DPDT	

40

기호 및 심볼	내용	기호 및 심볼	내용
	수정 발진기	Ⓖ	검류계
Ⓐ(Ω)	저항계	Ⓕℓ	유량계
Ⓦ	전력계		라우드 스피커
ⓌⒽ	전력량계		연산 증폭기

(2) 자동차 회로 내 기호[2]

기호 및 심볼	내용	기호 및 심볼	내용
	실선으로 표시된 구성부품은 전체 해당 구성품 의미		부품의 하우징이 직접 차량의 금속부위에 붙여짐을 의미
	점선으로 표시된 구성부품은 해당되는 필요부분만 표시된 것을 의미		구성부품의 명칭 상단부에는 해당 구성부품의 명칭을 나타냄. 구성부품 위치도의 사진번호와 커넥터는 정보 페이지를 나타냄
	커넥터가 구성부품에 직접 연결		
	구성부품에 커넥터가 리드 선으로 연결		회로가 서로 접속되어 있음
	구성부품 자체의 스크루 단자를 의미		회로가 서로 접속되어 있지 않음

---

2) 현대자동차, https://gsw.hyundai.com/ 아이오닉 2020년식 EV 100KW 전장회로도

기호 및 심볼	내용	기호 및 심볼	내용
B	물결무늬 선은 끊어져 있지만 이전 또는 다음 페이지에 연결되어 계속됨	수 커넥터 10 M05-2 암 커넥터	구성부품위치 색인표 상에서 참조용으로 각 커넥터의 명칭을 나타냄
Y/R	노랑바탕의 적색 줄무늬 선(2가지색 이상으로 피복된 선)	R Y/L 3 1 E35 R Y/L	점선은 각각의 두 개의 와이어가 동일한 커넥터(E35)상에서 접속됨을 의미
좌측 페이지에서 A A 우측 페이지로	전류 흐름이 내부에 같은 문자를 잦는 같은 페이지 혹은 다른 페이지의 화살표로 연결됨, 화살표 방향이 전류 흐름 방향임.	상시전원 엔진 룸 퓨즈 & 릴레이 박스 이그니션 30A	전원 공급 상태 명칭 용량
R 회로도 이름	다른 회로와 공유하는 부분임을 표시함. 화살표가 지시하는 회로에서 와이어가 다시 나타남.	ON 전원 실내 퓨즈 & 릴레이 박스 경음기 퓨즈 10A	전원이 이그니션 "ON"상태에서 공급됨을 의미 다른 퓨즈와 연결됨을 의미 퓨즈용량
자동 G 수동 변속기 변속기 G G	선택사양 혹은 다른 차종에 대한 와이어의 흐름을 표시(해당 사양에 기준한 회로를 판별토록 지시함)		파워 커넥터로 배터리 상시 전원 제어
L L	조인트는 선에 점을 찍어서 나타내며 차량에서의 실제적인 위치와 연결은 변화할 수 있음.		더블 필라멘트
G06	차량의 금속부분에 접속되는 와이어의 끝선을 나타냄.		싱글 필라멘트
G06	와이어에 전파차단 보호막이 둘러싸였음을 나타냄. 항상 접지 상태에 있음.(주로 엔진 및 T/M을 컨트롤 하는 센서측에 사용됨)		다이오드

기호 및 심볼	내용	기호 및 심볼	내용
	다이오드		샌더
	발광다이오드		인젝터
	제너다이오드		솔레노이드
NPN	NPN TR		모터
PNP	PNP TR		배터리
	커넥터 내부에서 와이어가 조인트 되는 커넥터임		콘덴서
	스위치(1개 접점)		스피커
	히터		스위치(2개 접점), 연결된 점선으로 스위치는 동시 작동되며 가는 점선은 스위치 사이의 기계적 관계를 나타냄
	센서		코일을 통한 전류의 흐름이 있을 때 스위치 접속됨(NC)

기호 및 심볼	내용	기호 및 심볼	내용
	코일 비통전시 스위치 상태를 나타냄. 코일 통전시 스위치 접속됨		다이오드 내장 릴레이
	혼, 경음기, 부저, 사이렌		저항 내장 릴레이

(3) 자동차 회로도 보는법[3]

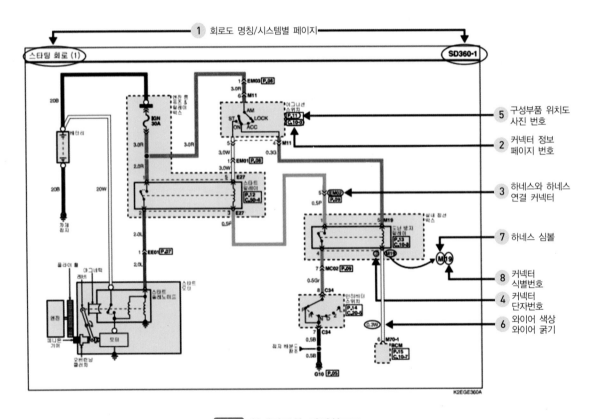

그림 현대자동차 전기회로도

---

3) 현대자동차, https://gsw.hyundai.com/ 아이오닉 2020년식 EV 100KW 전장회로도

① 커넥터 단자번호 부여

암 커넥터(하니스측)	숫 커넥터(부품측)	비고
		암수 커넥터 구별은 하우징 형상이 아닌 단자 형상에 의해서만 이루어진다.
3 2 1 / 6 5 4	1 2 3 / 4 5 6	
3 2 1 / 6 5 4	1 2 3 / 4 5 6	암 커넥터의 단자 번호는 오른쪽 위에서 밑으로, 수 커넥터의 단자 번호는 왼쪽 위에서 오른쪽 밑으로 번호를 부여한다.

② 와이어 색상 지정 약어

회로도상의 와이어 색상을 식별하는데 사용되는 약어

기호	와이어 색상	기호	와이어 색상
B	Black	O	Orange
Br	Brown	P	Pink
G	Green	R	Red
Gr	Gray	W	White
L	Blue	Y	Yellow
Lg	Light Green	Ll	Light Blue
0.3 Y/B	단면적 0.3mm² 에 노랑 바탕색에 검정색 줄무늬 선(2가지)		

1.25B

GM01

1.25 : 단면적(1.25mm²)
  B : 배선색(검정)
GM01 : 접지 포인트

③ 하니스 심볼

각 하니스를 하니스 명칭, 장착위치에 의해 분류하여 식별 심볼을 부여한다.

심볼	와이어 색상	위치
C	컨트롤, 배압 조절밸브, 저압 EGR 밸브 하니스	엔진룸
D	도어 하니스	도어
E	프런트, 배터리, 프런트 엔드 모듈, 프런트 범퍼 하니스	엔진룸, 차량 앞
F	플로어, EPB 익스텐션 하니스	플로어, 콘솔
M	메인 하니스	실내, 크래시 패드
R	루프, 테일게이트, 리어 범퍼 하니스	루프, 차량 뒤
S	시트 하니스	실내

(4) 자동차 전기회로 고장진단법[4]

1) 5단계 고장 진단법

① 1단계 : 고객 불만 사항 검토

정확한 점검을 위해 문제되는 회로의 구성부품을 작동시킨 후 문제를 검토하고, 그 현상을 기록한다. 확실한 원인 파악 전에는 분해나 테스트를 실시하지 말아야 한다.

② 2단계 : 회로도의 판독 및 분석

회로도에서 고장회로를 찾아 시스템 구성부품에의 전류 흐름을 파악하여 작업 방법을 결정한다. 작업방법을 인식하지 못할 경우에는 회로작동 참고서를 읽는다. 또한 조장 회로를 공유하는 다른 회로를 점검한다. 예를 들어 같은 퓨즈, 접지, 스위치 등을 공유하는 회로의 명칭을 각 회로도에서 참조한다. 1단계에서 점검하지 않았덩 공유되는 회로를 작동시켜 본다. 공유회로의 작동이 정상이면 고장회로 자체의 문제이고, 몇 개의 회로가 동시에 문제가 있으면 퓨즈나 접지상의 문제일 것이다.

③ 3단계 : 회로 및 구성 부품 검사

회로 테스트를 실시하여 2단계의 고장진단을 점검한다. 효율적인 고장진단은 논리적이고 단순한 과정으로 실시되어야 한다. 고장진단 힌트 또는 시스템 고장 진단표를 이용하

---

4) 현대자동차, https://gsw.hyundai.com/ 아이오닉 2020년식 G 1.6GDI HEV 전장회로도

여 확실한 원인 파악을 한다. 가장 큰 원인으로 파악된 부분부터 테스트를 실시하며, 테스트가 쉬운 부분에서부터 시작한다.

④ 4단계 : 고장수리

고장이 발견되면 필요한 수리를 실시한다.

⑤ 5단계 : 회로 작업 확인

수리후 확인을 위해 다시 한 번 더 점검을 실시한다. 만약 문제가 퓨즈가 끊어지는 것이었다면, 그 퓨즈를 공유하는 모든 회로의 테스트를 실시한다.

2) 고장 진단 설비

① 전압계 및 테스트 램프

테스트 램프로 개략적인 전압을 점검한다. 테스트 램프는 한 쌍의 리드선으로 접속된 12V 벌브로 구성되어 있다. 한쪽 선을 접지 후 전압이 반드시 나타나야 하는 회로를 따라 여러 위치에 테스트 램프를 연결시켜 벌브가 계속해서 점등되면 테스트 지점에 전압이 흐르는 것이다.

주의사항

회로는 컴퓨터 제어 인젝션과 함께 사용하는 ECM과 같은 반도체가 포함된 모듈(유닛)을 갖는다. 이러한 회로의 전압은 10MΩ이나 그 이상의 임피던스를 갖는 디지털 볼트미터로 테스트해야 한다. 안전 상태의 모듈이 포함된 회로는 테스트 램프 사용 시 내부 회로가 손상될 수 있으므로 테스트 램프를 절대 사용하지 말아야 한다.

테스트 램프와 동일한 요령으로 전압계를 사용할 수 있으며, 전압의 유, 무만 판독하는 테스트 램프와는 달리 전압계에서는 전압의 세기까지 표시한다.

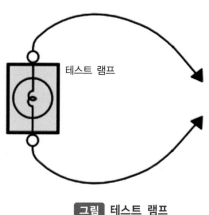

테스트 램프

그림 테스트 램프

② 자체 전원 테스트 램프 및 저항기

통전 여부 점검을 위해 벌브, 배터리, 2개의 리드선으로 구성되는 자체 전원 테스트 램프나 저항기를 사용한다. 두 개의 리드선이 모두 접속되면 램프는 계속 점등된다. 그 위치점을 점검하기 전에 우선 배터리(-) 케이블이나 작업 중인 해당 회로의 퓨즈를 탈거한다.

저항기는 자체 전원 테스트 램프 위치에서 사용할 수 있으며, 회로의 두 지점간의 저항을 나타낸다. 반도체가 포함된 유닛 회로는 10MΩ이나 임피던스가 큰 용량의 디지털 멀티미터만으로 사용해야 한다. 디지털 멀티미터로 저항 측정 시에는 배터리의 (—)단자는 분리해야 한다. 그렇지 않을 경우 부정확한 수치가 나타날 수 있다. 유닛의 측정치에 영향을 줄 경우에는 수치를 한번 측정한 후 리드를 반대로 갖다 대고 다시 한 번 측정한다. 측정치가 다르면 유닛이 영향을 미치는 것이다.

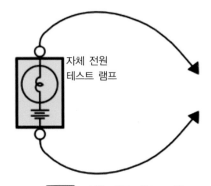

그림 자체 전원 테스트 램프

③ 퓨즈 포함된 점프 와이어

열려진 회로를 점검할 때에는 점프 와이어를 사용한다. 점프 와이어는 테스트 리드 세트에 인 라인(IN-LINE) 퓨즈 홀더가 연결되어 있다. 점프 와이어는 스몰 클램프 커넥터와 함께 대부분의 커넥터에 손상을 주지 않고 사용 가능하다.

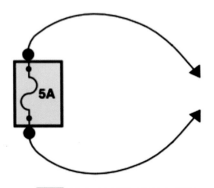

그림 퓨즈 포함된 테스트 회로

3) 고장진단 테스트

① 전압 테스트

　커넥터의 전압 측정 시에는 커넥터를 분리시키지 않고 탐침을 커넥터 뒤쪽에 꽂아 점검한다. 커넥터의 접속 표면 사이의 오염, 부식으로 전기적 문제가 발생될 수 있으므로 항시 커넥터의 양면을 점검해야 한다.

- 테스트 램프나 전압계의 한쪽 리드선을 접지시킨다. 전압계 사용 시는 접지시키는 쪽에 반드시 전압계의 (−) 리드선을 연결해야 한다.
- 테스트 램프나 전압계의 다른 한쪽 리드선은 선택한 테스트 위치(커넥터나 단자)에 연결한다.
- 테스트 램프가 켜진다면 전압이 있다는 것을 의미한다.
- 전압계 사용 시는 수치를 읽는다. 규정치보다 1V 이상 낮은 경우는 고장이다.

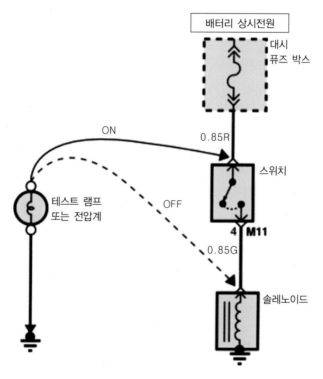

그림 전압 점검

② 통전 테스트

- 배터리(—) 단자를 분리한다.
- 자체 전원 테스트 램프나 저항기의 한쪽 리드선을 테스트하고자 하는 회로의 한쪽 끝에 연결한다. 저항기 사용 시에는 리드선 2개를 함께 잡은 다음 저항이 0Ω이 되도록 저항기를 조정한다.
- 다른 한쪽 리드선은 테스트 하고자 하는 회로의 다른 한쪽 끝에 연결한다.

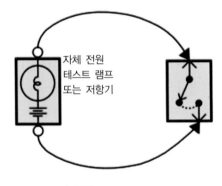

자체 전원
테스트 램프
또는 저항기

그림 통전 테스트

- 자체 전원 테스트 램프가 켜지면 통전상태이다. 저항기 사용 시에는 저항이 0Ω 또는 값이 작을 때 양호한 통전상태를 나타낸 것이다.

③ 접지 단락 테스트

- 배터리 (—)단자를 분리한다.
- 자체 전원 테스트 램프나 저항기의 한쪽 리드선을 구성품 한쪽의 퓨즈 단자에 연결한다.
- 다른 한쪽 리드선을 접지시킨다.
- 퓨즈 박스에서 근접해 있는 하니스부터 순차적으로 점검해 나간다. 자체 전원 테스트 램프나 저항기를 약 15cm 간격을 두고 순차적으로 점검해 나간다.
- 자체 전원 테스트 램프가 열화되거나 저항이 기록되면 그 위치점 주위 와이어링의 접지가 단락된 것이다.

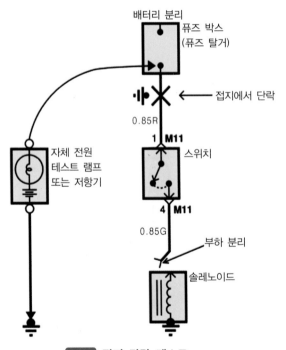

배터리 분리

퓨즈 박스
(퓨즈 탈거)

접지에서 단락

0.85R

1 M11

자체 전원
테스트 램프
또는 저항기

스위치

4 M11

0.85G

부하 분리

솔레노이드

그림 접지 단락 테스트

3 모터와 발전시스템

(1) 전기전자 현상

1) 전자석(Electromagnet)

도선에 전류가 흐르면 도선의 주위에는 동심원의 자계가 발생한다. 자력선이 향하는 방향은 앙페르의 오른 나사 법칙에서와 같이 전류의 방향에 대해서 시계 방향으로 형성되며, 전류의 흐름에 따라 형성되는 자석을 전자석이라고 한다. 일반적으로 도선을 감은 형상의 코일이 사용되며, 코일 내에 철심을 넣으면 자력선이 통과하기 쉬워 더욱 강한 자계가 형성된다. 또 자석의 자계는 전류에 비례하여 강해지고 전류가 같다면 코일의 권수가 많을수록 자계가 강해진다.

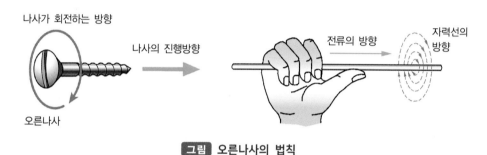

그림 오른나사의 법칙

2) 전자력(Electromagnetic Force)

자계 속에 존재하는 도선에 전류가 흐를 때, 전선에 발생하는 자력선과 기존 자계 사이의 영향으로 도선의 자기는 안정된 상태가 되려는 성질 때문에 도선은 운동하는 힘이 발생하며 이 힘을 전자력이라고 한다.

이때 전류, 자계 및 전자력의 방향은 일정한 관계가 있으며, 플레밍의 왼손법칙에 따라 왼손의 엄지손가락, 인지 및 가운데 손가락을 직교한 상태에서 인지를 자력선의 방향, 가운데 손가락을 전류의 방향에 일치시키면 엄지손가락의 방향으로 전자력이 작용하며 이를 모터의 원리에 응용하고 있다.

3) 유도 기전력(Induced Electromotive Force)

발전기에서와 같이 자계 속에서 도선을 움직이면 도선은 자계에 영향을 받아 도선에 전류가 흐르는 현상을 전자 유도 작용이라 하며, 발생하는 전압을 유도 기전력, 흐르는 전류를 유도 전류라고 한다.

이때 자계, 운동 및 전류의 방향은 플레밍의 오른손법칙과 같이 오른손의 엄지손가락, 인지 및 가운데 손가락을 서로 직교하여 펴서 인지를 자력선의 방향, 엄지손가락을 도선의 운동방향에 일치시키면 가운데 손가락은 유도 기전력을 방향과 같다.

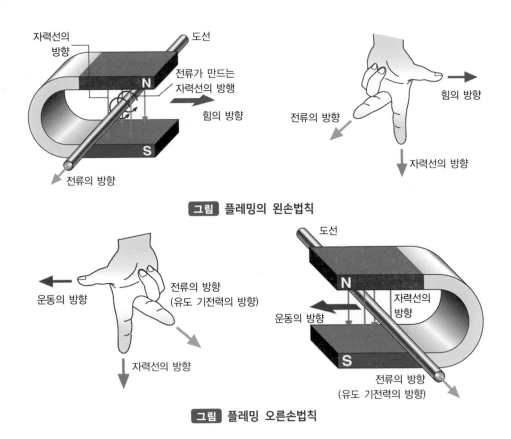

그림 플레밍의 왼손법칙

그림 플레밍 오른손법칙

4) 전자 유도 작용

코일 자신에 흐르는 전류를 변화시키면 코일의 임피던스 영향으로 인하여 그 변화를 방해하는 방향으로 유도 기전력이 발생하는데 이를 자기 유도 작용이라 한다. 또한 전기 회로에 자력선의 변화가 생겼을 때 다른 전기 회로에 기전력이 발생되는 현상을 상호 유도 작용이라 한다.

도선으로 만들어진 코일 속에서 자성이 있는 막대자석을 왕복으로 움직이면 코일 자신의 임피던스에 의해 자력선이 유도되고 자석의 이동이 빠를수록, 코일의 권수가 많을수록 유도 기전력이 커진다.

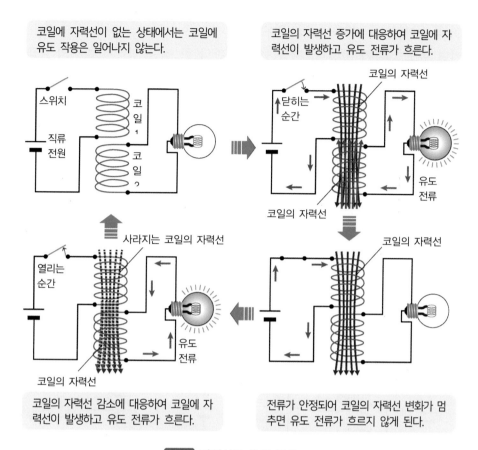

코일에 자력선이 없는 상태에서는 코일에 유도 작용은 일어나지 않는다.

코일의 자력선 증가에 대응하여 코일에 자력선이 발생하고 유도 전류가 흐른다.

사라지는 코일의 자력선

코일의 자력선 감소에 대응하여 코일에 자력선이 발생하고 유도 전류가 흐른다.

전류가 안정되어 코일의 자력선 변화가 멈추면 유도 전류가 흐르지 않게 된다.

그림 자력선의 유도 작용

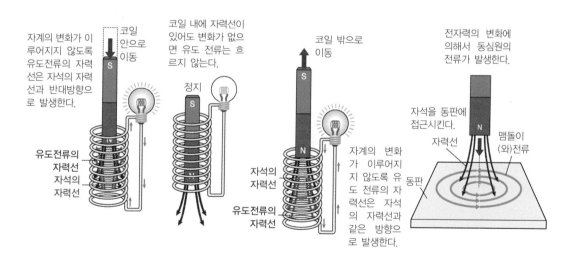

자계의 변화가 이루어지지 않도록 유도전류의 자력선은 자석의 자력선과 반대방향으로 발생한다.

코일 내에 자력선이 있어도 변화가 없으면 유도 전류는 흐르지 않는다.

전자력의 변화에 의해서 동심원의 전류가 발생한다.

자계의 변화가 이루어지지 않도록 유도 전류의 자력선은 자석의 자력선과 같은 방향으로 발생한다.

그림 전자 유도 작용의 맴돌이 전류

전자 유도 작용은 도선이나 코일 이외에서도 발생하는데 변화하는 자계 속에 반도체를 위치시키면 유도 전류가 흐른다. 예를 들어 동판의 한 점을 향해서 자석의 N극을 가까이 접근시키면 동판 위에 반시계 방향으로 전류가 흐르며, 이를 와전류라고 한다. 이러한 와전류는 전력의 손실을 발생시키고 모터의 효율을 떨어뜨리는 요인이 되기도 하지만 모터의 회전 원리에 이용되기도 한다.

5) 자기유도 작용과 상호 유도 작용

코일에 전류가 흘러 전자석이 되는 과정에서 상대편 코일은 리액턴스에 의하여 자기장의 흐름을 방해하는 방향으로 기전력이 발생하며 또한 코일에 흐르는 전류가 차단될 때에도 코일에는 유도성 기전력이 발생한다. 즉 전류의 흐름이 차단될 때 자신의 코일에 발생하는 기전력을 자기 유도 작용이라 하고, 자계를 공유 할 수 있도록 배치한 이웃한 코일 사이에서 코일의 권수비에 따라 발생하는 유도 기전력을 상호 유도 작용이라 한다.

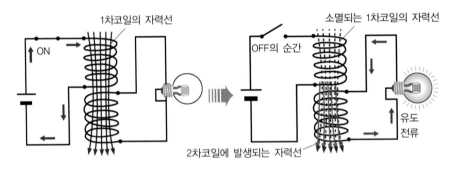

1차 코일의 전원을 OFF하는 순간 상호유도작용에 의해 2차 코일에 자력선을 발생시키도록 유도 전류가 흐른다. 1차 코일에 전원을 ON하는 순간에도 상호유도작용은 일어난다.

그림 자기 유도 작용과 상호 유도 작용

(2) 모터와 발전기

전류가 만드는 자기장을 이용하여 회전운동의 힘을 얻는 모터와 전자 유도 작용으로 기전력을 발생시키는 발전기의 원리는 모두 자기장을 이용한다. 기전력의 크기는 자기장의 세기와 도체의 길이 및 자기장과 도체의 상대적 속도에 비례하며, 기전력의 방향은 플레밍의 오른손 법칙에 의해 이해할 수 있다.

발전기 내부에는 자기장을 만들기 위한 자석과 기전력을 발생시키는 도체가 있으며, 그림과 같이 회전 계자형은 도체가 정지하고 자기장이 회전하는 발전기이고, 회전 전기자형은 자기장이 있는 도체가 회전하는 형식이다.

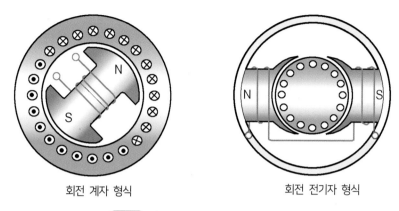

회전 계자 형식   회전 전기자 형식

그림 발전기 회전자 형식의 종류

1) 자석의 반발력을 이용한 모터

자석의 N(+)극에서 S(−)극을 향해 자력선이 작용하고 있으며, N극과 S극의 밀고 당기는 반발력의 특성을 이용한 것이 모터이다.

2) 단상 유도 전동기

구조는 고정자는 주로 프레임에 0.35mm의 얇은 규소강판을 성층한 것이며, 회전자는 적층된 철심에 동, 알루미늄 막대를 끼우고 양단에 단락 링으로 단락하여 샤프트에 고정하였으며, 외부 프레임, 냉각 날개, 공기 입·출구, 축 및 단자 박스 등으로 구성되어 있다.

그림에서 고정자 권선에 단상 전류를 흘리면 교번 자계가 발생하여 회전자 권선에 회전력이 발생한다. 그러나 단상유도전동기의 회전자가 정지하고 있을 경우에는 회전력을 발생하지 않으므로 코일 또는 보조 권선에 컨덴서를 접속하여 회전자의 기동장치 역할을 한다.

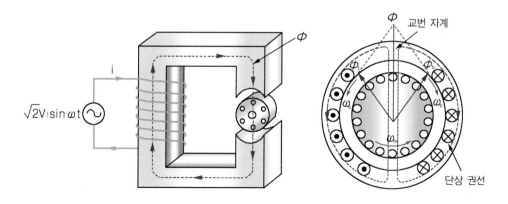

그림 단상 유도 전동기 원리

3) 삼상 교류 모터

3상의 교류를 사용하는 3상 동기모터는 전기 자동차 및 하이브리드 자동차의 구동에 적합하며 교류 동기 모터(Synchronous motor)의 한 종류이다.

4) 모터의 회전수

모터를 일정속도로 구동하고 변속기를 사용하는 방법보다 인버터를 사용하여 제반여건에 따른 변수를 적용하여 최적으로 모터의 회전수를 제어하면 소요 동력은 회전수의 3승에 비례해서 감소하므로 큰 전기 에너지를 절감할 수 있다.

$$\frac{P_2}{P_1} = \left(\frac{N_2}{N_1}\right)^3$$

P_1 : 정격시 동력
P_2 : 인버터 제어시 동력
N_1 : 정격 회전속도
N_2 : 인버터 제어시 회전속도

① 인버터(Inverter)에 의한 가변속시 장점

- DC 모터나 권선형 모터의 속도 제어에 비하여 AC 모터 사용 시 모터의 구조가 간단하며, 소형이다.
- 보수 및 점검이 용이하다.
- 모터가 개방형, 전폐형, 방수형, 방식형 등 설치 환경에 따라 보호구조가 가능한 특징을 가지고 있다.
- 부하 역률 및 효율이 높다.

② 속도 제어 방법

- **극수 제어 방법**
- 모터의 극수와 회전수 그리고 주파수에 따라 모터의 회전수는 결정되며, 분당 주파수를 모터의 극수로 나눈 값이다.

$$N = \frac{120f}{P}(1-s) \quad [\text{rpm}]$$

N : 동기속도(RPM)
f : 주파수(Hz)
P : 극의 수(단상 당)
s : 슬립율

- 모터의 회전수는 모터의 극수와 주파수에 의해 분류되므로 극수 P, 주파수 f, 슬립 s를 임의로 가변시키면 임의의 회전속도 N을 얻을 수 있다.
- 일반적으로 산업용에서 사용되는 모터는 4극 모터가 대부분이며, 필요에 따라 빠른

속도를 원할 경우는 2극 모터를, 속도가 느리며, 큰 토크를 원할 경우에는 6극 모터로 설계한다.

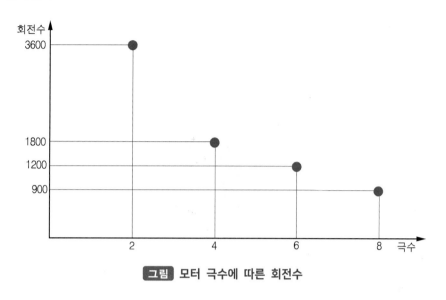

그림 모터 극수에 따른 회전수

- **슬립(s) 제어**
- 슬립을 제어할 경우 저속 운전 시 손실이 커지게 된다.
- **주파수(f) 제어**
- 모터에 가해지는 주파수를 변화시키면, 극수(P) 제어와는 달리 연속적인 속도제어가 가능하며, 슬립(s) 제어보다 고효율 운전이 가능하게 된다.
- 주파수를 변화하여 모터의 가변속을 실행하는 부품이 인버터(Inverter)이며, 인버터는 컨버터에 비하여 직류를 반도체 소자의 스위칭에 의하여 교류로 역변환을 한다. 이때에 스위칭 간격을 가변시킴으로써 원하는 임의로 주파수로 변화시키는 것이다.
- 실제로는 모터 가동 시 충분한 회전력(Torque)을 확보하기 위하여 주파수뿐만 아니라, 전압을 주파수에 따라 가변시킨다. 따라서 Inverter를 VVVF(Variable Voltage Variable Frequency)라고도 한다.

5) 모터의 구조

- 전기 모터는 전류의 자기 작용을 이용하여 전기 에너지를 운동 에너지로 변환하며, 직선적인 힘을 발생하는 리니어 모터와 토크를 발생하는 로터리 모터(회전형 모터)가 있다. 또한 모터는 엔진의 경우와 마찬가지로 토크와 회전수를 곱하여 출력을 나타낸다.

• 모터는 코일, 철심 등의 계자(스테이터)와 전기자(로터)로 구성되며, 조합에 따라 다음과 같이 분류한다.

① 이너 로터형 모터

일반적으로 많이 사용하는 구조이며 케이스에 스테이터(계자)가 배치되고 그 내부에 로터(회전축과 전기자)가 배치되어 있다.

계자
(스테이터)

전기자
(로터)

그림 이너 로터형 모터

② 아우터 로터형 모터

회전자가 바깥 둘레에 배치되어야 유리한 구동용 휠에 적용하며 회전자(케이스)에 자성의 로터를 배치하고 내부에 회전자계를 형성하는 스테이터(계자)가 배치되어 있으며 인휠(In Wheel) 모터라고도 한다.

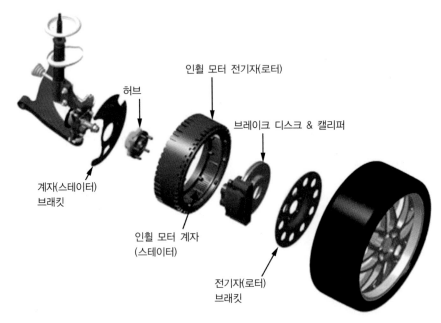

허브

인휠 모터 전기자(로터)

브레이크 디스크 & 캘리퍼

계자(스테이터)
브래킷

인휠 모터 계자
(스테이터)

전기자(로터)
브래킷

그림 아우터 로터형 모터

6) 모터의 특징

모터는 전력을 이용하여 회전축의 토크를 만드는 기구이며, 크게는 사용 전원에 따라 직류와 교류 모터로 구분하고 각각의 구조에 따라 세분화 한다.

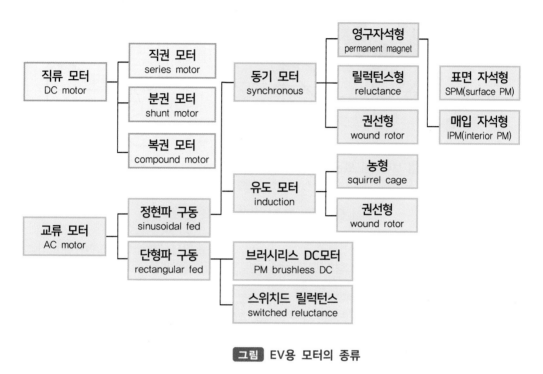

그림 EV용 모터의 종류

7) 전원의 구분에 따른 모터의 분류

① 직류(DC) 모터

• 조절된 직류 공급량을 회전자(로터)에 공급하여 회전력을 얻는 모터이며, 고정자(stator: 모터 케이스에 붙어 있는 부분)의 계자(스테이터)는 고정되어 있고 회전자(rotor: 회전축)의 자계는 회전하는 방식으로서 브러시가 있는 DC모터 또는 브러시가 없는 BLDC(Brush Less Direct Current) 모터가 있다.

• 더불어 회전자에 공급하는 전류는 직류이므로 회전 자계를 만들기 위하여 브러시(brush)를 사용하거나 또는 BLDC 컨트롤러를 이용하여 BLDC 모터를 구동한다.

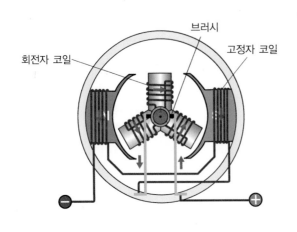

회전자 코일
브러시
고정자 코일

그림 브러시가 있는 직류 모터

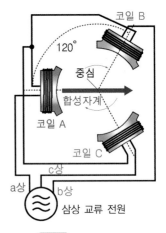

코일 B
120°
중심
합성자계
코일 A
코일 C
c상
a상
b상
삼상 교류 전원

그림 교류 모터

표4 직류모터의 장점과 단점

장점	– 직류 모터는 배터리를 전원으로 간단하게 동력을 발생시키며, 기구가 간단하여 저렴하다. – 크기가 작아서 소형 가전제품 등 이용 범위가 다양하다.
단점	– 전기의 흐름을 바꾸기 위해 브러시라고 하는 접점이 필요하다. – 장기간 사용으로 브러시가 마모되면 교환을 해야 한다. – 브러시와 같은 접점이 있기 때문에 고속 회전용으로는 사용할 수 없다.

표5 직류모터의 구조와 원리

구조	◦**브러시** : 전기자에 전류를 흘리도록 정류자와 접촉하는 접점 ◦**정류자** : 전기자 권선에 일정한 방향의 전류가 통전토록 하는 기구 ◦**전기자** : 권선(Coil)이 감겨진 회전자 ◦**계자** : 자계(磁界)를 발생시키는 전자석(또는 영구자석)	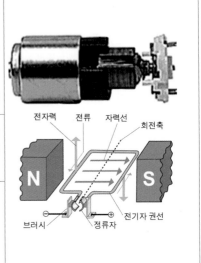
구동원리	정류자에 의해 전기자 권선에 의한 자기력과 계자 자속이 항상 직교하는 기자력과 자속에 의하여 회전 토크를 발생	
토크	$F = B \times i \times l \quad [N]$, $T = k \times \Phi \times I_a \quad [Nm]$ 토크 제어 방법 : 전기자 전류제어, 계자 자속제어	

전자력 전류 자력선 회전축
N S
브러시 정류자 전기자 권선

종류	◦ 자여자 방식(전기자와 계자 권선의 결합방식에 따라 구분) :직권모터, 분권모터, 복권모터 ◦ 타여자 방식:전기자 권선과 계자 권선이 분리되어 있어, 여자전류를 별도 독립전원으로부터 공급 ◦ 영구자석형 모터:계자자속이 고정된 타려자 방식	◦ 직권: 가변속, 고시동 토크 (시동모터) ◦ 분권 : 정속도, 정토크, 정출력의 부하 ◦ 복권 : 정속도, 고시동 토크
장점	◦ 소용량부터 대용량까지 폭넓은 제품 스펙트럼 (수십 W ~ 수십 kW) ◦ 직류 전원 직결 사용 가능(ON/OFF 구동) ◦ 가변전압(또는 DC Chopper) 연결 시 제어 용이	차량 적용 예: EQUUS – DC 모터 적용
단점	◦ 고속 및 대용량 응용에의 난점(정류자의 기계적 한계) ◦ 내구성의 한계(정류자 및 브러시의 마모 및 주기적 보수 필요)	친환경 차량용 구동 모터로서 부적합

② 교류(AC) 모터

- 교류 모터는 가정용 가전제품 등에서와 같이 많이 사용되고 있으며, 교류는 시간의 경과에 따라 주기적으로 전기의 크기와 방향이 (+)와 (−)가 번갈아 교차한다.
- 모터에 인가하는 교류 전기의 크기, 방향 및 주파수를 변화시키면서 제어하는 모터 이며, 계자(고정자)의 자계가 회전하는 형식과 회전자의 자계가 회전하는 형식이 있 다.
- 계자의 회전 자계와 회전자의 회전 자계의 동기 여부에 따라 동기형식과 비동기식 모터로 나누어지며, 고정자 권선에 교류를 인가하면 고정자에 회전하는 자계가 생성 된다.
- **교류 모터의 특성** : 교류는 주기적으로 전기의 방향이 (+)와 (−)가 변환되기 때문에 직류 모터에서 필요했던 브러시가 필요 없으며, 더욱이 전기의 방향이 바뀔 때 전기 의 크기도 변화하므로 같은 극성의 자장은 서로 반발력에 강약을 주어서 회전력을 얻을 수 있으며, 이것이 유도 모터 모터의 특징이다.

③ 동작 원리에 따른 교류모터의 분류

- **유도형 모터**(비동기 모터, Asynchronous motor) : 교류 전동기에서 가장 많이 사 용하는 모터이며, 계자(고정자)가 만드는 회전 자계에 의해 전기 전도체의 회전자에 유도 전류가 발생하면서 회전 토크가 발생하여 회전력을 발생시키는 모터이다.

회전 자계 내에 원통형 도체를 부착한 회전자를 배치하면 패러데이 법칙에 의하여 원통형 도체에 전기장이 유도가 되어 전류가 흐르면서 이 전류는 다시 자기장을 만든다. 더불어 회전자에 유도된 자기장은 계자의 회전하는 자기장을 따라 가는 힘이 발생되므로 회전자는 이 힘에 의해서 회전한다. 만약, 회전자의 회전속도가 고정자의 회전 자계의 회전속도와 같게 되면 계자와 회전자 둘 간의 상대속도는 0이 된다. 즉, 상대적으로 변화하지 않는 자기장에 놓인다. 패러데이 법칙에 의하여 변화하지 않는 자기장에서는 전기장이 생성되지 않으므로 결국 회전자의 회전력은 발생하지 않는다. 결국, 비동기 모터는 회전 자계와 동기가 맞지 않을 때에 힘이 발생하며, 전자기 유도(induction)의 원리를 이용한 모터 또는 유도 전동기(induction motor)라고도 하며, 유도 전동기는 사용 전원에 따라 3상 및 단상 유도 전동기로 나뉜다.

유도 모터는 회전자에 자계의 변화가 없으면 전자력이 발생하지 않으며, 모터는 회전자계의 회전속도(동기속도)보다 회전자의 회전속도가 약간 지연되면서 회전한다. 이와 같은 회전자의 회전 속도 지연을 유도 모터의 슬립이라고 하며, 로터의 슬립은 0.3정도에서 최대 토크가 발생되는 모터가 많다. 유도 모터는 교류 전원에 연결하는 것만으로도 시동이 가능하지만 슬립이 많고 토크가 작지만, 그러나 인버터로 주파수와 슬립각을 제어하여 시동시 토크를 크게 할 수 있으며 시동 이후에는 회전수 제어가 자유롭다

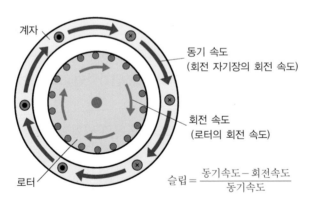

그림 회전자의 슬립

- 3상 유도 전동기 : 3상 유도 전동기는 회전자의 구조에 따라 농형과 권선형으로 나뉘는데 예전에 농경사회에서 사용하던 바구니 모양이란 뜻의 농형(squirrel cage rotor)이라한다.

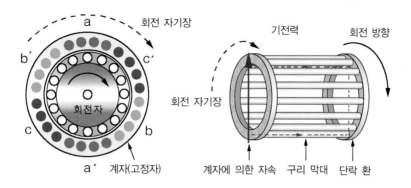

그림 농형 3상 유도전동기

- 단상 유도 전동기 : 아래 그림과 같이 외부의 영구자석을 회전시키면 내부의 도체 원
  통은 전자 유도 작용으로 영구 자석의 회전방향과 같은 방향으로 회전하는 현상을
  이용하는 것이다. 좌측 그림의 영구자석 대신에 코일을 감고 교류 전원을 인가하면
  자기장이 형성되면서 농형의 회전자가 회전하는 원리이며, 일정 방향으로 기동 회전
  력을 주는 장치가 있다.

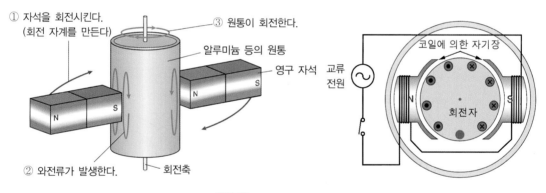

그림 단상 유도전동기

- **동기형 모터**(Synchronous motor) : 동기 모터의
  회전자는 자성체이고 자성체를 만드는 방법은 영구
  자석을 이용하는 방법과 회전자에 코일을 감아서
  직류를 흘리는 방법을 쓸 수도 있다. 회전자의 자계
  와 계자의 자력으로부터 회전력을 얻어내는 방식이
  며, 주변에서 흔히 보이는 대부분의 동기 모터들은
  영구자석을 사용한다. 동기 모터는 직류 모터의 회
  전자와 고정자가 뒤바뀐 구조와 같다. 동기형 모터

그림 동기형 모터

는 직류 모터에서 사용하는 브러시가 필요 없기 때문에 이를 브러시 없는 직류 모터 (BLDC: Brushless DC motor)라고도 하며, 회전자에 고정된 자계는 고정자의 회전 자계를 따라 갈려는 힘이 발생한다. 즉, 회전 자계의 회전과 동기를 맞추어 회전자가 회전하게 되므로 동기 모터라고 부른다.

표6 교류모터의 구조 및 원리

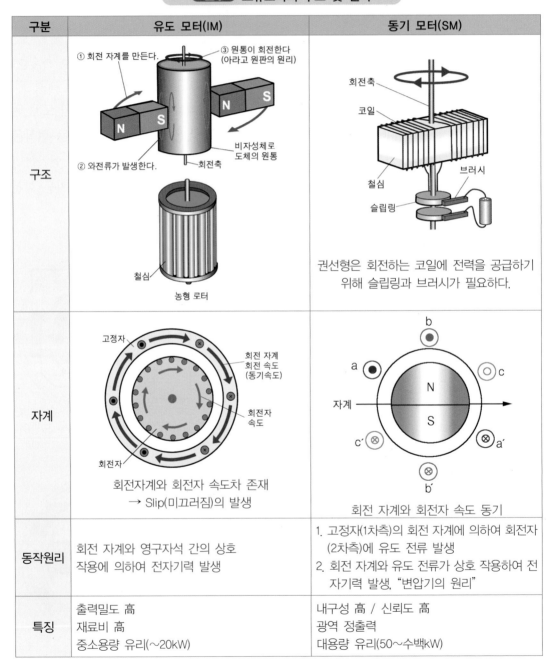

구분	유도 모터(IM)	동기 모터(SM)
구조	① 회전 자계를 만든다. ③ 원통이 회전한다 (아라고 원판의 원리) ② 와전류가 발생한다. 회전축 비자성체로 도체의 원통 철심 농형 로터	회전축 코일 철심 슬립링 브러시 권선형은 회전하는 코일에 전력을 공급하기 위해 슬립링과 브러시가 필요하다.
자계	고정자 회전 자계 회전 속도 (동기속도) 회전자 속도 회전자 회전자계와 회전자 속도차 존재 → Slip(미끄러짐)의 발생	b a c 자계 N S c′ a′ b′ 회전 자계와 회전자 속도 동기
동작원리	회전 자계와 영구자석 간의 상호 작용에 의하여 전자기력 발생	1. 고정자(1차측)의 회전 자계에 의하여 회전자 (2차측)에 유도 전류 발생 2. 회전 자계와 유도 전류가 상호 작용하여 전자기력 발생, "변압기의 원리"
특징	출력밀도 高 재료비 高 중소용량 유리(~20kW)	내구성 高 / 신뢰도 高 광역 정출력 대용량 유리(50~수백kW)

(3) 발전기

HEV는 정차시나 주행 중 엔진을 구동하여 고전압 배터리를 충전하며, 주행 중 제동 시 회생 충전방법을 이용하여 고전압 배터리를 충전한다.

PHEV는 HEV보다 용량이 큰 고전압 배터리가 장착이 되며, 차량 외부의 전기를 충전기를 사용하여 충전이 가능하게 되어 있다.

1) 3상 동기 발전기

영구자석형 로터가 회전하면 스테이터 코일 주위의 자계가 변화하면서 전자 유도 작용으로 코일에 유도 전류가 발생하는 원리이며, 스테이터코일 3개가 120°간격으로 배치되어 각 코일의 위상이 120°엇갈린 교류, 즉 삼상 교류가 발생한다.

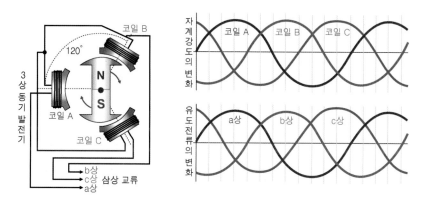

그림 자계 강도의 변화와 유도 전류의 변화

2) 컨버터

교류를 반도체 소자인 다이오드의 정류 작용을 이용하여 직류로 변환하는 장치를 AC·DC 컨버터 또는 정류기라 하며, 단상 교류인 경우 4개의 다이오드, 삼상 교류인 경우는 6개의 다이오드로 전파 정류 회로를 구성할 수 있다.

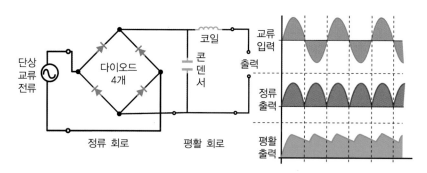

그림 다이오드를 이용한 단상 전파정류

4 배터리

(1) 납산 배터리

1) 셀의 구성

  납산 배터리는 수지로 만들어진 케이스 내부에 6개의 방(Cell)으로 나뉘어져 있고 각각의 셀에는 양극판과 음극판이 묽은 황산의 전해액에 잠겨 있으며, 전해액은 극판이 화학반응을 일으키게 한다. 그리고 1셀은 2.1V의 기전력이 만들어지며, 2.1V셀 6개가 모여 12V를 구성한다.

2) 충·방전

  납산 배터리는 묽은 황산의 전해액에 의하여 화학반응을 일으키는데 방전된 배터리 즉, 묽은 황산에 의해 황산납으로 되어있던 극판이 충전 시에는 다시 과산화납으로 되돌아감으로서 배터리는 충전 상태가 된다. 방전 시에는 과산화납이 다시 묽은 황산에 의해 황산납으로 화학 변화를 하면서 납 원자 속에 존재하던 전자가 분리되어 전극에서 배선을 통해 이동하는 것이 납산 전지의 원리이다.

그림 납산 배터리의 구조

(2) 리튬이온 배터리

  최신 전기 자동차에서 사용되는 것은 리튬이온 배터리는 납산 배터리 보다 성능이 우수하며, 배터리의 소형화가 가능하다.

1) 리튬이온의 이동에 의한 충·방전

  리튬이온 배터리는 알루미늄 양극제에 리튬을 함유한 금속 화합물을 사용하고, 음극에는 구리소재의 탄소 재료를 사용한 극판으로 구성되어 있으며, 리튬이온 배터리의 충전은 (+)극에 함유된 리튬이 외부의 자극과 전해질에 의해 이온화 현상이 발생되면서 전자를 (-)극으로 이동시키고, 동시에 리튬이온은 탄소 재료의 애노드 극으로 이동하여 충전 상태가 된다.

방전은 탄소 재료 쪽에 있는 리튬이온이 외부의 전선을 통하여 알루미늄 금속 화합물 측으로 이동할 때 전자가 (+)극 측으로 흘러감으로써 방전이 이루어진다.

즉, 금속 화합물 중에 포함된 리튬이온이 (+)극 또는 (-)극으로 이동함으로써 충전과 방전이 일어나며, 금속의 물성이 변화하지 않으므로 리튬이온 배터리는 열화가 적다.

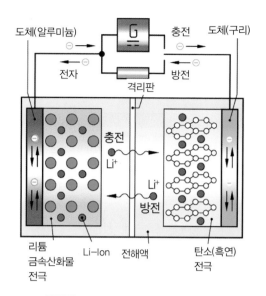

그림 리튬이온 배터리의 작동 원리

$$Li_{1-x}CoO_2 + Li_xC \underset{\text{방전}}{\overset{\text{충전}}{\rightleftarrows}} Li_{1-x+dx}CoO_2 + Li_{x-dx}C$$

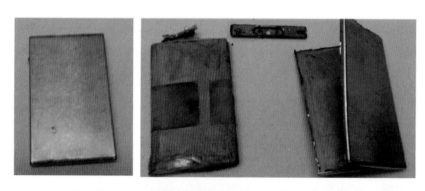

그림 파우치형 리튬 배터리 내부 구조

출처 :https://www.eag.com/ko/resources/appnotes/structural-chemical-characterization-li-ion-batteries/

2) 구성요소[5]

리튬이온전지는 리튬화합물로 구성된 양극재, 탄소로 구성된 음극재, 분리막 및 전해질 네 가지 핵심물질로 구성되어 있다.

구분	내 용	상세 내용
양극재	• 리튬전지 소재비의 35%를 차지하는 핵심소재로 금속염의 구성성분에 따라 LCO, NCM, NCA, LMO, LFP 등으로 구분	• 리튬이온의 공급원이며 충전 시 산화반응이 일어나면서 리튬 이온을 방출하며, 방전 시 환원반응이 일어나면서 리튬이온을 흡수함
음극재	• 인조흑연계, 천연흑연계, 저결정성 탄소계 및 금속계 등으로 구분	• 양극활물질과 반대로 충전 시 리튬이온과 전자를 흡수하며, 방전 시 리튬이온과 전자를 방출함
분리막	• 다공성 폴리에틸렌(PE) 및 폴리프로필렌(PP) 필름인 분리막은 제조공정에 따라 습식과 건식으로 구분 • 강화막은 펄리올레핀 수지의 기계적, 열적 특성을 보완하고자 다공성 고분자막의 표면에 세라믹 입자층을 형성시켜 고온에서도 분리막의 기계적 수축을 방지	• 전지의 양극활물질과 음극활물질을 분리하여 내부단락을 방지함과 동시에 충전, 방전이 일어날 수 있도록 리튬이온을 통과시키는 기능을 하는 다공성 고분자 필름
전해액	• 유전율, 저도가 높은 고리형 카보네이트계와 유전율, 점도가 낮은 사슬형 카보네이트계가 혼합된 공용매에 전해질인 리튬염을 일정농도로 용해하여 제조	• 양극활물질과 음극활물질에서 산화 또는 환원된 이온이 원활하게 이동하도록 돕는 매개체

① 양극(cathode)

양극 소재는 크게 NCA(Ni+Co+Al), NCM(Ni+Co+Mn), LCO(Li+Co+O), LFP(Li+Fe+P), LMO(Li+Mm+O) 등 5가지로 구분된다.

양극재를 구성하는 주요금속과 특성은 다음과 같다. Ni(고용량), Mn 및 Co(안전성), Al(출력)

---

5) 배터리(2020), 차세대 배터리 산업의 시장 분석과 전지 부품소재 기술개발 동향(산업정책분석원, 2020)

표 양극재 종류 및 특성

항목/구분	LCO	NCM	NCA	LMO	LFP
분자식	$LiCoO_2$	$Li(Ni,Co,Mn)O_2$	$Li(Ni,Co,Al)O_2$	$LiMn_2O_4$	$LiFePO_4$
구조	층상 구조	층상 구조	층상 구조	스피넬 구조	올리빈 구조
용량(Ah/kg)	145~155	160~260	170~230	100~120	110~160
작동전압(V)	3.7	3.6	3.6	4.0	3.2
에너지효율	585	150	160	150	140
가격($/kg)	25~28	20~23	~21	8~9	~20
안정성	높음	다소 높음	낮음	높음	매우 높음
수명	높음	중간	높음	낮음	높음
합성난이도	쉬움	다소 어려움	어려움	덜 어려움	어려움
친환경	나쁨	약간 나쁨	약간 나쁨	좋음	좋음
용도	소형	소형/중대형	중대형	중대형	중대형

출처 :배터리, 2020

② 음극(anode)

탄소, 실리콘, 흑연 등이 사용되고, 가장 많이 사용되는 것은 흑연이다.

음극재는 천연흑연, 인조흑연, 금속계, 소프트카본, 하드카본으로 분류될 수 있다.

표 음극재 분류 및 특성

구분	천연흑연	인조흑연	금속계	소프트 카본	하드 카본
용량	360	340	600~1600	250	250
출력	하	중	중	상	상
수명	중	상	하	하	하

천연흑연은 초기 리튬전지가 상용화된 1992년 이후로 현재까지 사용되고 있으나, 낮은 수명특성과 출력특성으로 인해 전기차와 같은 고출력, 고에너지밀도가 필요한 제품 적용에는 한계가 존재한다. 수명특성이 우수한 인조흑연이 각광받으며, 차세대 음극재로 높은 이론용량을 가진 실리콘(Si)이 개발 진행중이다.

③ 전해액

전해액은 크게 액체전해질과 고체전해질로 분류된다. 안전성에 있어서 전해질의 역할이 중요하다. 일반적으로 리튬이온 배터리는 전해질이 액체로 누액 가능성과 폭발위험성이 있는 반면에 리튬폴리머배터리는 폭발위험성이 있는 액체 전해질 대신 화학적으로 안정적인 Polymer(고체 또는 젤 형태의 고분자 중합체) 상태의 전해질을 사용하여 안전성이 높다. 그러나 저온에서의 사용 특성이 떨어지고, 폴리머 전해질은 액체 전해질보다 이온전도율이 떨어진다. 이러한 발화 가능성으로 세라믹으로 이뤄진 고체전해질(Solid electrolyte)이 연구되고 있다. 세라믹 전지는 배터리를 구성하는 모든 요소가 고체라는 뜻에서 '전고체배터리(All solid state battery)'라고 부른다.

구분	액체 전해질	고체 고분자 전해질	젤 고분자 전해질	이온성 액체 전해질	무기물 고체 전해질
구성	유기용매 +리튬염	고분자+리튬염	고분자+유기용매+리튬염	상온용융염 +리튬염	리튬세라믹
이온 전도도	높음 (10−2S/cm)	낮음 (10−5S/cm)	비교적 높음 (10−3S/cm)	비교적 높음 (10−3S/cm)	비교적 높음 (10−4S/cm)
저온 특성	비교적 양호	열악함	비교적 양호	열악함 (구조적 의존)	비교적 양호
고온 안전성	열악함	우수함	비교적 양호	우수함	우수함
주요 모델	LiPF6−EC/DEC	LiBF4+PEO	LiPF6−EC/DEC +PVdF−HFP	LiTFSI−EMITFSI	Li2S−P2S5

3) 리튬배터리 형태

자동차에 탑재되는 리튬배터리는 형태에 따라 원통형, 각형, 파우치형 등으로 구분할 수 있다. 원통형 전지는 모바일IT기기 등에서 가장 널리 사용되는 형태로써 기술적 성숙도가 높으며, 대량생산 체제가 구축되어 있어 상대적으로 가장 가격이 저렴하고 안정성이 우수하고 수습이 용이하다.

각형 전지는 금속캔 형태로 제작되어 파우치형과 비교하면 상대적으로 에너지 밀도가 낮으나, 금속캔으로 내부 물질을 보호하고 있어 내구성이 뛰어나고 상대적으로 안정성이 우수하다. 파우치형 전지는 알루미늄 호일로 만들어진 파우치에 배터리 구성물들이 싸인 형태로서 높은 설계자유도를 가지고 있다.

구분	원통형 (Cylindrical)	각형 (Prismatic)	파우치형 (Pouch)
특징	• 원통형 캔의 형태로 가격이 저렴하고 수급이 용이 • 소형사이즈로 인해 전기차에 적용하기 위해 다량 필요	• 금속캔에 배터리 구성물을 담는 형태로 내구성이 우수 • 생산비용이 파우치와 비교하여 상대적으로 저렴	• 알루미늄 호일에 배터리 구성물들을 싸인 형태 • 높은 설계 자유도를 가지고 있어 다양한 크기로 생산 가능
제조사	파나소닉, 삼성SDI, LG에너지솔루션	삼성SDI, 도시바, BYD, CATL 등	LG에너지솔루션, SK이노베이션, AESC 등
자동차 회사	테슬라	BMW, 아우디, 폭스바겐, 포르쉐, 페라리 등	현대기아, GM, 포드, 르노, 볼보, 닛산 등

출처 : 삼성 KPMG경제연구원(제76호 2017)

그림 테슬라 모델S 원통형 배터리

출처: https://qnovo.com/peek-inside-the-battery-of-a-tesla-model-s/

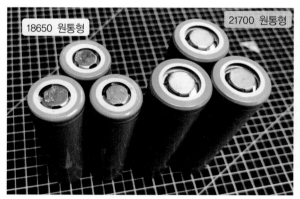

그림 원통형 리튬배터리

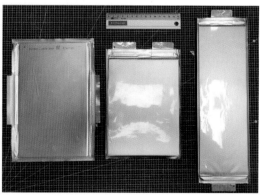

그림 파우치형 리튬배터리 셀

4) 1셀당 전압

• 리튬이온 배터리는 1셀당 (+)극판과 (-)극판의 전위차가 3.75V로 최대 4.3V이며, 전기 자동차의 고전압 배터리는 대략 셀당 3.7~3.8V이다.

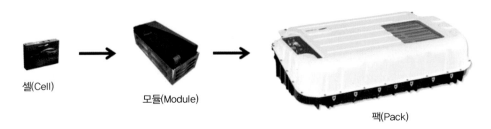

그림 전기차용 배터리 셀, 모듈, 팩

출처 : https://www.samsungsdi.co.kr/column/all/detail/54229.html

• **고전압 배터리 팩 어셈블리**
- **셀** : 전기적 에너지를 화학적 에너지로 변환하여 저장하거나 화학적 에너지를 전기적 에너지로 전환하는 장치의 최소 구성 단위
- **모듈** : 직렬 연결된 다수의 셀을 총칭하는 단위
- **팩** : 직렬 연결된 다수의 모듈을 총칭하는 단위
  차량의 고전압 배터리 제원에 따라 셀을 직렬로 적층하여 제조가 된다.
  예) 3.75V(셀당 기전력) × 16개 셀 × 4모듈 = 240V
  　　3.75V(셀당 기전력) × 12개 셀 × 8모듈 = 360V

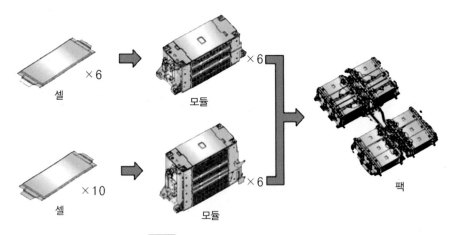

그림 고전압 배터리 팩의 구성

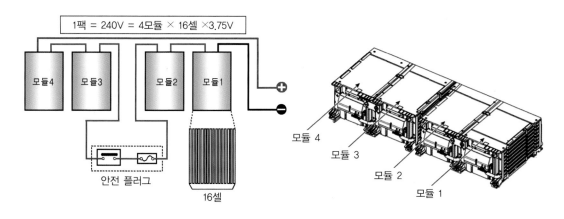

1팩 = 240V = 4모듈 × 16셀 ×3.75V

모듈4 모듈3 모듈2 모듈1

안전 플러그

16셀

모듈 4
모듈 3
모듈 2
모듈 1

그림 현대 아이오닉 HEV 고전압 배터리 팩

5) 배터리 수량과 전압

전기 자동차는 고전압을 필요하므로 100셀 전후의 배터리를 탑재하여야 한다. 그러나 이와 같이 배터리의 셀 수를 늘리면 고전압은 얻어지지만 배터리 1셀마다 충전이나 방전 상황이 다르기 때문에 각각의 셀 관리가 중요하다.

6) 배터리 케이스

자동동차가 주행 중 진동이나 중력 가속도(G), 또는 만일의 충돌 사고에서도 배터리의 변형이 발생치 않도록 튼튼한 배터리 케이스에 고정되어야 한다.

① 주행 중 진동에 노출

배터리에만 해당되는 것은 아니지만 자동차 부품은 가혹한 조건에 노출되어 있다. 어떠한 경우에도 배터리는 손상이 발생치 않도록 탑재 시 차체의 강성을 높여 주어야 한다.

② 리튬이온 배터리의 발열 대책

배터리는 충전을 하면 배터리의 온도가 올라가므로 과도한 열은 성능이 떨어질 뿐만 아니라 극단적인 경우 부풀어 오르거나 파열되기도 하며, 문제를 일으킨다. 그러므로 배터리는 항상 좋은 상태로 충전이나 방전이 일어 날 수 있도록 고전압 배터리 팩에 공냉식 또는 수냉식 쿨링 시스템을 적용하여 온도를 관리하는 것이 필요하다.

③ 전기 자동차의 고전압 배터리

리튬이온 폴리머 배터리(Li-ion Polymer)는 리튬이온 배터리의 성능을 그대로 유지하면서 폭발 위험이 있는 액체 전해질 대신 화학적으로 가장 안정적인 폴리머(고체 또는 젤 형태의 고분자 중합체) 상태의 전해질을 사용하는 배터리를 말한다.

7) 고전압 배터리 냉각

전압 배터리는 냉각을 위하여 쿨링 장치를 적용하여야 하며, 일부의 차량은 실내의 공기를 쿨링팬을 통하여 흡입하여 고전압 배터리 팩 어셈블리를 냉각시키는 공랭식을 적용한다.

고전압 배터리 쿨링 시스템은 배터리 내부에 장착된 여러 개의 온도 센서 신호를 바탕으로 BMS ECU((Battery Management System Electronic Control Unit)에 의해 고전압 배터리 시스템이 항상 정상 작동 온도를 유지할 수 있도록 쿨링팬을 차량의 상태와 소음 진동을 고려하여 여러 단으로 회전속도를 제어한다.

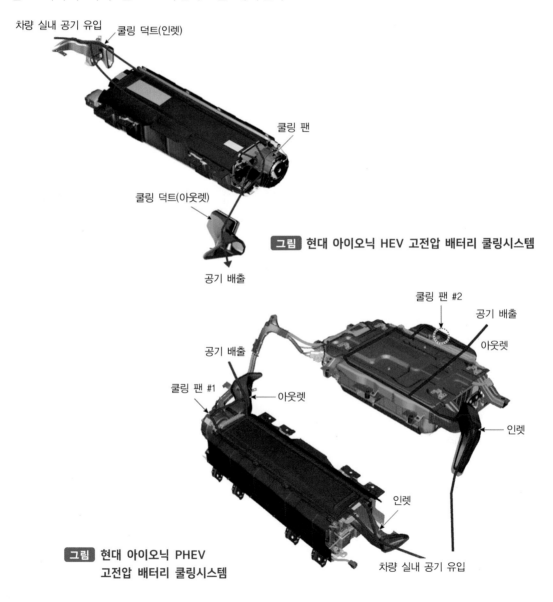

그림 현대 아이오닉 HEV 고전압 배터리 쿨링시스템

그림 현대 아이오닉 PHEV
고전압 배터리 쿨링시스템

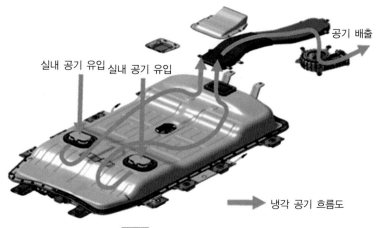

실내 공기 유입 실내 공기 유입

공기 배출

냉각 공기 흐름도

그림 **고전압 배터리 냉각**

5 자동차 통신

(1) 통신(Communication)

1) 통신이란

통신은 인류의 발생과 함께 시작되었으며, 인간이 사회를 형성하고 생활해 나가기 위해서는 개인 대 개인, 사회 대 사회 사이의 의사소통은 절대적인 필수요건이다. 만일 그 상대가 근접해 있을 때에는 몸짓이나 언어로 의사가 통하지만 양자의 거리가 멀어짐에 따라 말이나 몸짓으로 통할 수 없게 되기 때문에 타인을 통하거나 빛·연기·소리 등을 통하여 의사를 전하였다.

통신이란, 말 그대로 어떠한 정보를 전달하는 것이라고 할 수 있으며, 일상생활에서 통신이란 단어를 많이 사용하고 통신을 할 수 있는 도구를 많이 사용한다. 예를 들면 집이나 사무실에서 사용하는 전화기, 휴대폰, 인터넷 등이 있다.

2) 자동차에 통신을 사용하게 된 이유

자동차의 기술이 발달하면서 성능 및 안전에 대한 소비자들의 요구는 안전하고 편안한 차량을 요구하고, 이에 대응하기 위해 자동차는 많은 ECU와 편의 장치가 적용되며, 그에 따른 배선 및 부품들이 갈수록 많이 장착되고 있는 반면에 그에 따른 고장도 많이 나고 있다. 특히 전장품들이 상당수 추가 되면 배선도 같이 추가되어야 되고 그러면 고장이 일어날 수 있는 부위도 그만큼 많아진다는 것이다. 이러한 문제를 조금이나마 줄이기 위해서 각각의 ECU에 통신을 적용하여 정보를 서로 공유하는 것이 주된 이유이다.

3) 자동차에 통신 적용 시 장점

- **배선의 경량화** : 제어를 하는 ECU들의 통신으로 배선이 줄어든다.
- **전기장치의 설치장소 확보 용이** : 전장품의 가장 가까운 ECU에서 전장품을 제어한다.
- **시스템의 신뢰성 향상** : 배선이 줄어들면서 그만큼 사용하는 커넥터 수의 감소 및 접속점이 감소하여 고장률이 낮고 정확한 정보를 송수신할 수 있다.
- **진단 장비를 이용한 자동차 정비** : 통신 단자를 이용하여 각 ECU의 자기진단 및 센서 출력값을 진단 장비를 이용하여 알 수 있어 정비성이 향상된다.

4) 배선 유무에 따른 통신의 구분

- **유선 통신**

  유선 통신이란 송·수신 양자가 전선로로 연결되고, 전선에 의하여 신호가 전달되는 전기 통신을 총칭한다. 대표적인 것은 전신·전화인데, 하나의 송신에 대하여 다수의 수신을 원칙으로 하는 무선통신과는 달리 1:1의 통신이 원칙인 것이 유선 통신방식이다. 우리가 사용하는 대부분의 통신방식이 여기에 해당되며, 전화기, 팩스, 인터넷, 자동차 ECU 통신 등이 해당된다.

- **무선 통신**

  무선 통신은 정보를 전달하는 방식이 통신선이 없이 주파수를 이용하는 것을 말하며 무전기, 휴대폰, 자동차 리모컨 등이 해당된다.

5) 정보 공유

정보를 공유한다는 것은 각 ECU들이 자기에게 필요한 정보(DATA)를 받고 다른 ECU들이 필요로 하는 정보를 제공함으로써 알아야 할 DATA를 유선을 통해 서로에게 보내주는 것이다. 우리가 사용하는 인터넷과 같이 어떠한 정보를 찾아가기 위해 우리는 컴퓨터에 검색 프로그램을 실행하고 검색 창에 원하는 단어나 문구를 쓰면 컴퓨터는 인터넷에 연결된 모든 컴퓨터에서 검색창에 쓰여 진 단어나 문구와 유사한 내용을 사용자에게 알려준다. 자동차에 장착된 ECU들은 서로의 정보를 네트워크에 공유하고 자기에게 필요한 데이터를 받아서 이용한다.

6) 네트워크 및 프로토콜

네트워크라는 단어를 살펴보면 Net+Work이다 Net는 본래 뜻이 '그물'이고 Work는 '작업'이므로 그대로 직역한다면 '그물일'이 될 것이다. 네트워크는 정확히 말하면 'Computer

Networking'으로서 컴퓨터를 이용한 '그물작업'이 될 것이다.

즉 네트워크는 컴퓨터들이 어떤 연결을 통해 컴퓨터의 자원을 공유하는 것을 네트워크라 할 수 있으며 이와 같은 통신을 위해 ECU 상호간에 정해둔 통신 규칙을 통신 프로토콜(Protocol)이라 한다.

7) 자동차 전기장치에 적용된 통신의 분류

표7 통신의 분류

구분	데이터 전송방식			전송 형식		전송 방향		
	직렬	병렬	직병렬	동기	비동기	단방향	반이중	양방향
MUX			○		○	○		○
CAN		○		○	○			○
LAN		○		○	○	○		○
LIN	○				○	○		
참고	PWM 시리얼				BUS 통신			

(2) 다중 통신(MUX)

MUX 통신은 multiplex의 약자이며, 자동차에 적용된 MUX 통신은 단방향과 양방향 통신 모두가 적용이 되었다.

1) 직렬 통신과 병렬 통신

데이터를 전송하는 방법에는 여러 개의 Data bit를 동시에 전송하는 병렬 통신과 한 번에 한 bit식 전송하는 직렬 통신으로 나눌 수 있다.

표8 통신의 구분

구분	직렬 통신	병렬 통신
기능	한 개의 data 전송용 라인이 존재하며, 한 번에 한 bit씩 전송되는 방식	여러 개의 data 전송 라인이 존재하며, 다수의 bit가 한 번에 전송이 되는 방식
장점	구현하기 쉽고 가격이 싸며, 거리의 제약이 병렬 통신보다 적다.	전송 속도가 직렬 통신에 비해 빠르며 컴퓨터와 주변장치 사이의 data 전송에 효과적
단점	전송 속도가 느리다.	거리가 멀어지면 전송 설로의 비용이 증가한다
사용 예	PWM, 시리얼 통신	MUX 통신, CAN통신, LAN 통신

① **직렬 통신**

 컴퓨터와 컴퓨터 또는 컴퓨터와 주변장치 사이에 비트 흐름(bit stream)을 전송하는 데 사용되는 통신을 직렬 통신이라 한다. 통신 용어로 직렬은 순차적으로 데이터를 송, 수신 한다는 의미이다.

 일반적으로 데이터를 주고받는 통신은 직렬 통신이 많이 사용된다. 예를 들면, 데이터를 1bit씩 분해해서 1조(2개의 선)의 전선으로 직렬로 보내고 받는다.

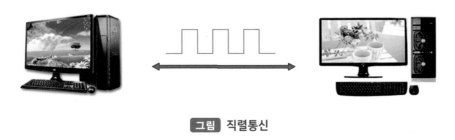

그림 **직렬통신**

② **병렬 통신**

 병렬 통신은 보내고자 하는 신호(또는 문자)를 몇 개의 회로로 나누어서 동시에 전송하게 되므로 자료 전송 시 신속을 기할 수 있으나 회선 및 단말기 등의 설치비용은 직렬 통신에 비해서 많이 소요 된다.

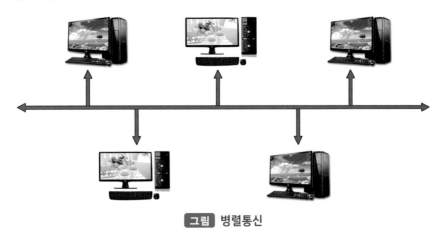

그림 **병렬통신**

2) 단방향과 양방향 통신

 통신방식에는 통신선 상에 전송되는 data가 어느 방향으로 전송이 되고 있는가에 따라서 아래와 같이 구분할 수 있다.

분류	내 용	사용 예
단방향 통신	정보의 흐름이 한 방향으로 일정하게 전달되는 통신방식	라디오, 텔레비전
반이중 통신	정보의 흐름을 교환함으로써 양방향 통신을 할 수는 있지만 동시에는 양방향 통신을 할 수 없다.	워키토키(무전기)
시리얼 통신	1선으로 단방향과 양방향 모두 통신할 수 있다	자동차 자기진단 단자
양방향 통신	정보의 흐름이 동시에 양방향으로 전달되는 통신방식이다	전화기

표 9　단방향과 양방향 통신

① 단방향 통신(LAN ; Local Area Network)

　운전석 도어 모듈과 BCM은 서로 양방향 통신을 하면서 서로에게 자기의 정보를 출력하고 실행한다. 그러나 동승석 도어 모듈과는 단방향으로 통신을 하며, 동승석 도어 모듈은 운전석 도어 모듈의 DATA만 수신할 뿐 자기의 정보를 출력하지는 않는다.

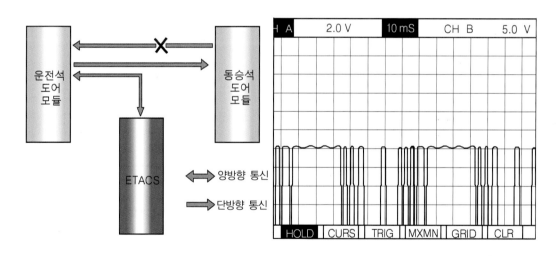

그림　단방향 통신의 예

② LIN 통신(Local Interconnect Network)

　LIN 통신이란 근거리에 있는 컴퓨터들끼리 연결시키는 통신망이며, 단방향 통신의 한 종류이다.

③ **양방향 통신(CAN,** Controller Area Network**)**

양방향 통신은 ECU들이 서로의 정보를 주고받는 통신 방법으로 2선을 이용하는 통신이며 CAN 통신은 ECU들 간의 디지털 신호를 제공하기 위해 1988년 Bosch와 Intel에서 개발된 차량용 통신 시스템이다. CAN은 열악한 환경이나 고온, 충격이나 진동 노이즈가 많은 환경에서도 잘 견디기 때문에 차량에 적용이 되고 있다. 또한 다중 채널식 통신법이기 때문에 Unit간의 배선을 대폭 줄일 수 있다.

(3) CAN(Controller Area Network) **통신**

CAN BUS 라인은 전압 레벨이 낮은 Low 라인과 높은 High 라인으로 구성되어 전압 레벨의 변화 신호로 데이터를 송신한다. 또한 CAN 통신은 통신 속도에 따라 High speed CAN과 Low speed CAN으로 구분한다.

1) High speed CAN

High speed CAN은 CAN-H와 CAN-L 두 배선 모두 2.5V의 기준 전압이 걸려 있는 상태를 열성(로직 1)이라 하며, 데이터 전송 시에는 하이 라인은 3.5V로 상승하고 로우 라인은 1.5V로 하강하여 두 선간의 전압 차이가 2V이상 발생했을 때를 우성(로직 0)이라 한다. 고속 캔 통신은 데이터를 전송하는 속도(약 125Kbit ~ 1 Mbit)가 매우 빠르고 정확하다.

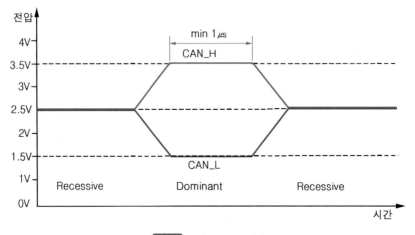

그림 고속 CAN 신호

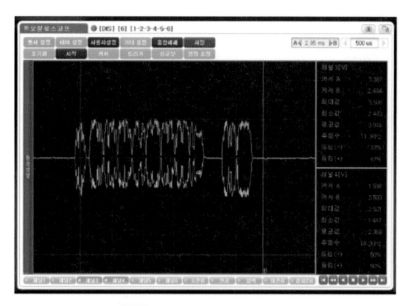

그림 차량에서의 고속 CAN 신호

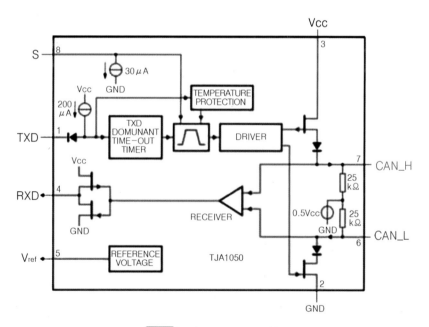

그림 고속 CAN ECU 회로

2) Low speed CAN

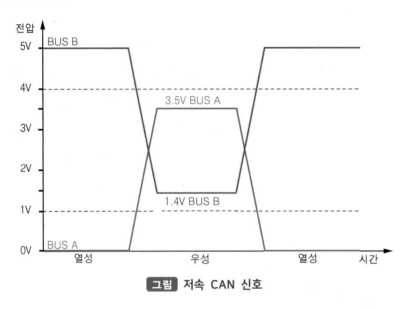

그림 저속 CAN 신호

저속 캔 통신의 BUS line A는 0V(ECU내부 차동 증폭기 1.75V)의 전압이 걸려 있는 열성(로직 1) 상황에서 데이터가 전송되는 우성(로직 0)이 되면 약 3.5V(ECU 내부 차동 증폭기 4V)의 전압으로 상승하고 CAN BUS line B는 5V(ECU 내부 차동 증폭기 3.25V)의 전압이 걸려 있는 열성 상황에서 데이터가 전송되는 우성이 되면 약 1.5V(ECU 내부 차동 증폭기 1V)의 전압으로 하강한다. 이와 같이 CAN BUS A 및 B 라인은 X축의 같은 시점에서 전압이 변화한다.

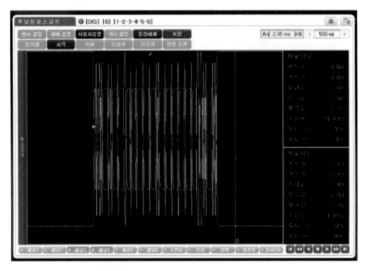

그림 차량에서의 저속 CAN 신호

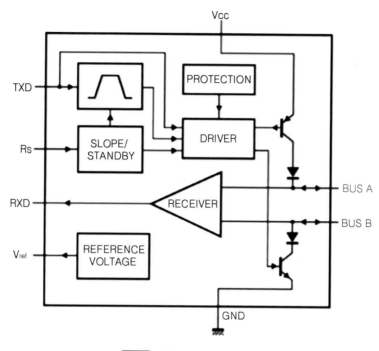

그림 저속 CAN ECU 회로

(4) 고속 CAN 라인의 저항

고속 CAN 통신 라인에서 전송되는 "1" 또는 "0"의 신호는 통신 라인의 끝단에서 전송량과 전압 신호가 변조되는 경우가 발생할 수 있으므로 신호전압의 안정화를 위하여 캔라인의 끝단에 설치하는 저항을 종단(터미네이션) 저항이라고 한다. 그림과 같이 ECU1과 ECU2 및 ECU3을 통신 라인에 병렬로 연결되어 있으며, 캔통신 라인 끝부분인 종단에 120Ω의 종단 저항이 설치되어 있다.

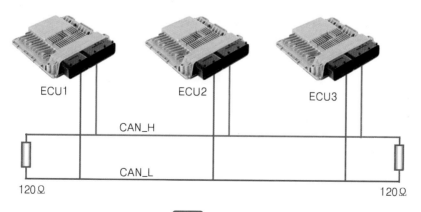

그림 종단 저항

(5) 실차 통신 회로[6]

1) C-CAN

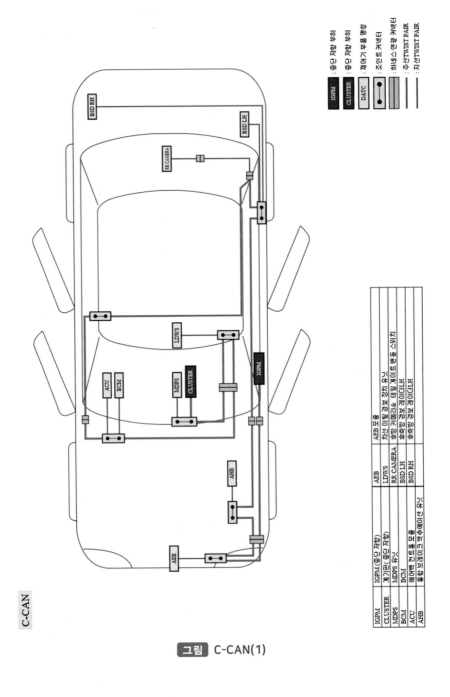

그림 C-CAN(1)

---

6) 현대자동차, https://gsw.hyundai.com/ 아이오닉 2016년식 G 1.6GDI HEV 전장회로도

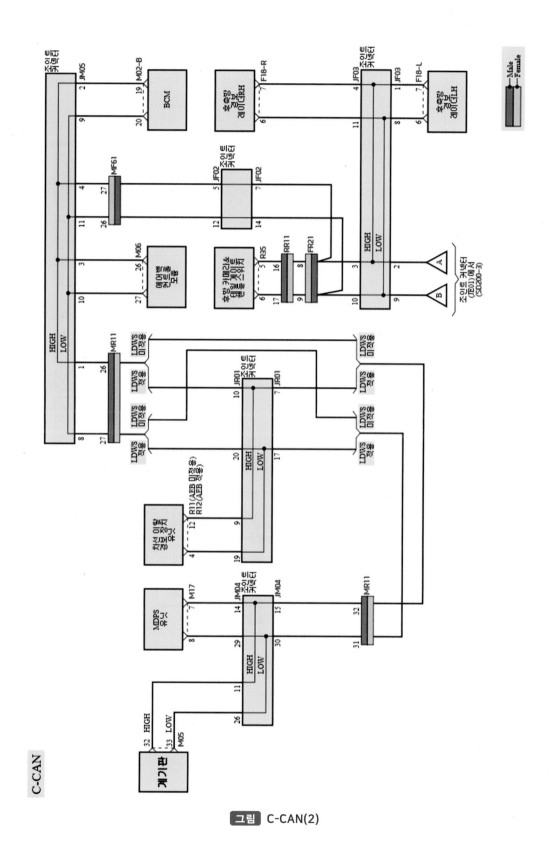

그림 C-CAN(2)

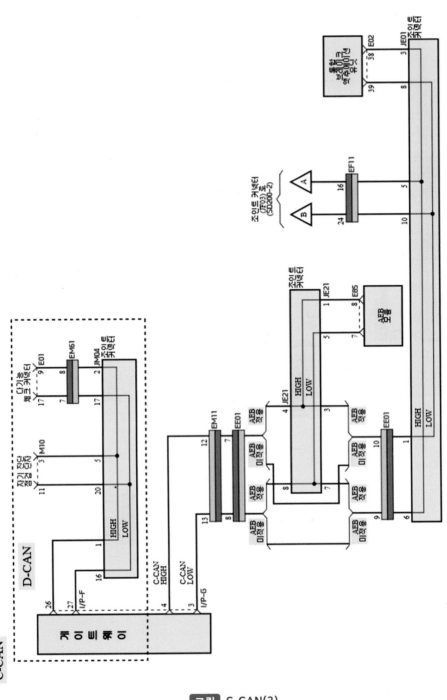

그림 C-CAN(3)

2) P-CAN

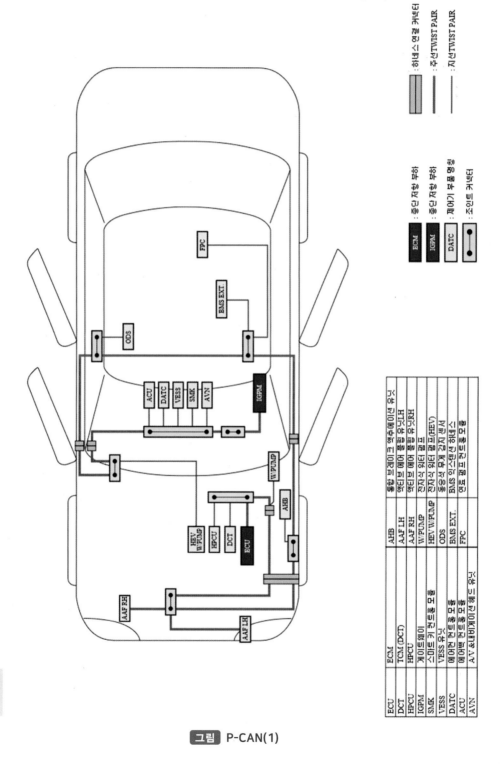

그림 P-CAN(1)

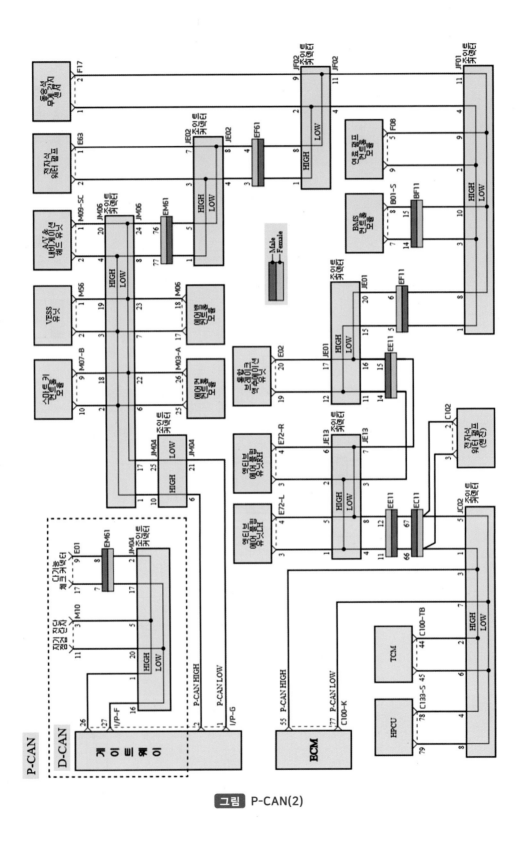

그림 P-CAN(2)

88

3) H-CAN

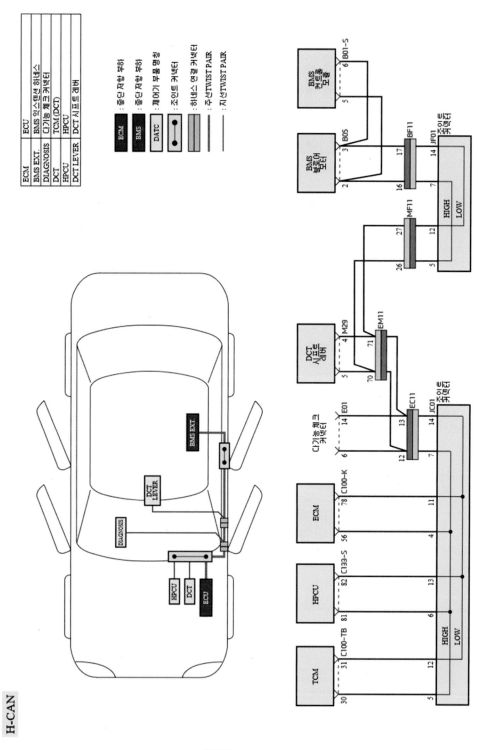

그림 H-CAN

4) M-CAN / B-CAN

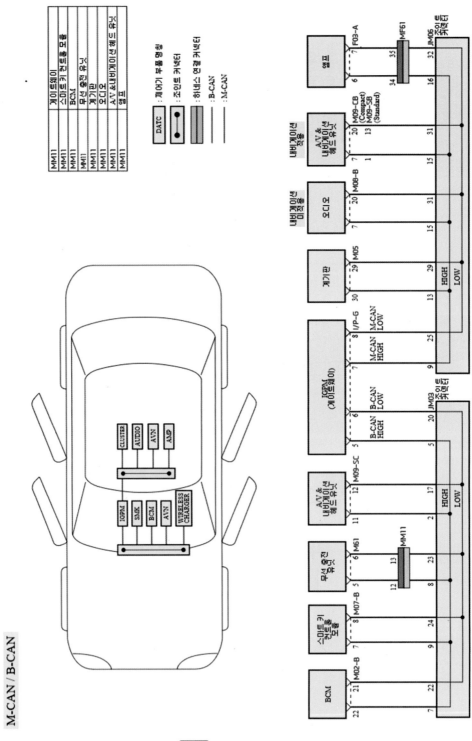

MM11	케이블체이
MM11	스마트키 컨트롤모듈
MM11	BCM
MM11	무선충전 유닛
MM11	계기판
MM11	오디오
MM11	A/V &내비게이션 헤드 유닛
MM11	앰프

DATC : 제어기 부품 명칭

● : 조인트 커넥터

▓ : 하네스 연결 커넥터

─── : B-CAN

----- : M-CAN

M-CAN / B-CAN

그림 M-CAN/B-CAN

90

2 고전압 안전

1 작업자 안전용구 및 절연공구

(1) 안전 용구

명 칭	형 상	용 도
절연 장갑		고전압 부품 점검 및 관련 작업 시 착용 [절연성능 : 1000V / 300A 이상]
절연화		
절연복		고전압 부품 점검 및 관련 작업 시 착용
절연 안전모		

명 칭	형 상	용 도
보호 안경		아래의 경우에 착용 ◦ 스파크가 발생할 수 있는 고전압 배터리 단자나 와이어링을 탈장착 또는 점검 ◦ 고전압 배터리 팩 어셈블리 작업
안면 보호대		
절연 매트		탈거한 고전압 부품에 의한 감전사고 예방을 위해 절연 매트 위에 정리하여 보관
절연 덮개		보호 장비 미착용자의 안전사고 예방을 위해 고전압 부품을 절연 덮개로 차단

(2) 절연공구

- 절연공구란 일반 공구와 달리 절연성 소재, 즉 전기 또는 열을 통하지 않게 하는 소재로 덮인 공구이다.
- 작업자가 전기가 흐르는 상태에서 작업 시, 신체 감전을 방지하고 안전을 지켜주는 역할을 한다.
- **절연공구 핵심 포인트 2가지**
- 절연 소재로 덮여 있어 누전과 통전을 방지해야 한다.
- 전수 검사의 관리하에 IEC 60900국제표준에 적합한 제품이어야 한다.

> 참고 IEC 60900은 전기, 전자 등의 분야에서 각국의 규격을 정비 및 통합하는 국제기관이 정한 국제 규격임

- **절연공구 및 절연보호구의 유지 관리 방법**
- 절연공구는 사용할수록 기능이 저하되는 소모성 상품이므로 때에 맞는 점검이 필요하다.
- 사용전 절연부분의 내외면을 눈으로 검사하여 잔금이나 균열, 파손 등은 없는지 점검이 필요하다.
- 직사광선이 닿지 않고, 수분이나 유분이 적은 장소에 보관해야 한다.

소켓핸들   소켓렌치   드라이버

니퍼   가위   플라이어

펀치   렌치   몽키렌치

스패너   공구세트   절단용 공구

그림 절연공구(https://kr.misumi-ec.com)

(3) 고전압 안전

전기사업법 시행규칙 제2조(정의)에 의한 저압, 고압, 특고압의 정의는 다음과 같다.
- 저압 : 교류의 경우 1,000V 이하, 직류의 경우 1,500V 이하인 전압
- 고압 : 교류의 경우 1,000V 초과 7,000V 이하, 직류의 경우 1,500V 초과 7,000V 이하인 전압
- 특고압 : 7,000V를 초과하는 전압

1) 인체에 흐르는 전류에 대한 반응[7]

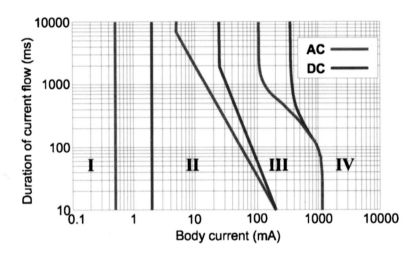

그림 Characteristic curve of body current vs. duration of flow, IEC/TR 60479-5

Ⅰ. 무증상
Ⅱ. 약간의 고통이 있지만 위험성은 없음
Ⅲ. 인체의 장애가 예상되지 않지만 계속되면 발작적인 근육수축이나 호흡곤란
Ⅳ. 심실세동과 같은 심장마비, 호흡곤란, 심각한 화상

2) 전기 감전 위험[8]

① 인체의 전기적 특성

감전에 의한 인체의 반응 및 사망의 한계는 그 속성상 인체실험이 어렵고, 또 어떠한 실험결과가 나와도 그것은 검증이 어렵다는 점과 인간의 다양성, 재해 당시의 상황변수 등의 이유로 획일적으로 정하기는 어렵지만, 인체의 감전 시 그 위험도는 통전전류 크기, 통전시간, 통전경로, 전원종류 의해 결정된다.

인체에 대한 감전의 영향은 크게 두 가지로 나눌 수 있는데, 첫째는 전기신호가 신경과 근육을 자극해서 정상적인 기능을 저해하며, 호흡정지 또는 심실 세동을 일으키는 현상이며, 둘째는 전기에너지가 생체조직의 파괴, 손상 등의 구조적 손상을 일으키는 것이다.

ⓐ 통전전류에 의한 영향

- 최소 감지전류 : 교류(상용주파수 60Hz)에서 이 값은 2mA이하로서 이 정도의 전류로서는 위험이 없다.

---

7) Venkata Anand Prabhala, Bhanu Prashant Baddipadiga, Poria Fajri, Mehdi Ferdowsi "An Overview of Direct Current Distribution System Architectures & Benefits", Energies, Vol.11, No.02463, pp8, 2018
8) 한국전력공사 https://home.kepco.co.kr/

- 고통 한계전류 : 전류의 흐름에 따른 고통을 참을 수 있는 한계 전류로서 교류(상용 주파수 60Hz) 에서 성인남자의 경우 대략 7~8mA이다.
- 이탈 전류와 교착 전류(마비 한계전류) :통전전류가 증가하면 통전경로의 근육 경련이 심해지고 신경이 마비되어 운동이 자유롭지 않게 되는 한계의 전류를 교착 전류, 운동의 자유를 잃지 않는 최대 한도의 전류를 이탈 전류라 하는데 교류(상용주파수 60Hz)에서 이 값은 대개 10~15mA이다.
- 심실 세동 전류 : 심장의 맥동에 영향을 주어 혈액 순환이 곤란하게 되고 끝내는 심장 기능을 잃게 되는 현상을 일반적으로 심실 세동이라 하며, 심실 세동을 일으킬 때 그대로 방치하면 수분 이내에 사망하게 되므로 즉시 인공호흡을 실시하여야 한다.

ⓑ **통전경로의 영향**

- 인체 감전시의 영향은 전류의 경로에 따라 그 위험성이 달라지며, 전류가 심장 또는 그 주위를 통하게 되면, 심장에 영향을 주어 더욱 위험하게 된다. 즉, 인체에 전류가 통과하게 되면, 심실세동이 일어날 수 있는 것은 물론이고, 통전경로에 따라서는 그보다 낮은 전류에서도 심실세동의 위험성이 있으며 이에 대한 것을 심장전류계수로 나타내면 다음과 같다.
- 통전경로별 심장전류계수

통전경로	심장전류계수
왼손–가슴 ①	1.5
오른손–가슴	1.3
왼손–한발 또는 양발	1.0
양손 – 양발 ②	1.0 위의 표에서 숫자가 클수록 위험도가 높아진다. 예를 들면 ① '왼손과 가슴'간에 53mA의 전류가 통전 될 때와 ② '양손과 양발' 사이에 80mA의 전류가 흐를 때 위험도가 서로 동일하다.

ⓒ **접촉전압의 허용한계**

- 인체를 통과하는 전류와 인체 저항의 곱이 인체에 가해지는 전압이며, 이것을 접촉전압이라고 한다. 감전의 위험성은 이 접촉전압의 크기와 감전 시간과의 곱에 비례한다. 위험한 장소에서의 안전전압의 한계로 일본의 경우 [전압전로 지락보호지침] 에서는 접촉상태에 따라 아래와 같이 구분한다.

종별	통전경로	허용접촉전압
제1종	• 인체의 대부분이 수중에 있는 상태	2.5V 이하
제2종	• 인체가 현저하게 젖어있는 상태 • 금속성의 전기 기계기구나 구조물에 인체의 일부가 상시 접촉되어 있는 상태	25V 이하
제3종	• 건조한 통상의 인체상태로서, 접촉전압이 가해지더라도 위험성이 낮은 상태	50V 이하
제4종	• 건조한 통상의 인체상태로서, 접촉전압이 가해지더라도 위험성이 낮은 상태 • 접촉전압이 가해질 우려가 없는 경우	제한 없음

ⓓ **저압의 위험성**

- 심실 세동을 야기하는 전류가 통전시간 1sec라는 전제에서 80(mA) ~ 3(A)의 범위라는 것은 사람의 접촉 저항을 1,000Ω으로 하였을 경우 다음과 같다.
- 접촉전압 80V의 경우 80mA

  접촉전압 150V의 경우 150mA

  접촉전압 4,000V의 경우 4,000mA = 4A
- 위의 표와 같이 저압기기의 누전상태에 사람이 접촉하였을 경우에는 바로 심실 세동을 일으키는 범위 내에 들게 된다. 그런데 6,000V의 고압선의 경우에는 심실 세동 범위 밖이 되며, 이 건에 관한 한 고압선보다 저압선의 감전이 위험성이 크게 된다. 따라서 저압선쯤이야 하고 얕보는 것은 매우 위험하다.

ⓔ **전기기계·기구에 대한 감전 재해 방지대책**

- 보호 절연 : 누전이 발생된 기기를 사람이 접촉하더라도 인체전류의 통전경로를 절연시킴으로써 인체통과 전류를 안전한계 이하로 낮추는 방법이다.
- 안전 전압 이하의 기기 사용 : 누전이 발생하더라도 안전 전압 이하이므로 감전사고를 유발시키지 않는다.

  ※ 안전전압은 전기장치의 설치조건 및 인체의 접촉면적 등에 영향을 받는다.

ⓕ **보호접지(또는 기기접지)** : 발생되는 위험한 전압을 감소시키기 위한 방법으로 평상시 충전되지 않는 도전성부분(금속제 외함 등)을 접지 극에 연결 하는 것으로 이때의 접지저항은 가능한 작은 것이 좋으며 접지저항과 해당기기의 과전류 차단 값의 곱이 안전전압 이내 이면 안전하다고 판정할 수 있다.

ⓖ **전원의 자동차단** : 누전의 발생시 가능한 짧은 시간에 사고회로의 전원을 차단하는

방법으로 습기가 있는 장소 등에서는 반드시 누전차단기 등을 설치하도록 하고 있다.

3) 감전에 의한 인체상해

감전에 의한 사망의 대부분은 감전사고 발생 직후에 사망하는 것인데, 이는 충전 부에 손이 접촉되어 흐르는 전류가 심장을 관통하여 생기는 경우가 많으며 사인의 대부분은 심실세동에 의한 것이다. 감전이 되었을 경우 심장의 근육은 경련을 일으키며 펌프작용을 정상적으로 하지 못하게 되어 혈액순환이 정지되므로 호흡도 멈추게 되어 사망하게 된다. 심장과 호흡작용은 서로 밀접한 관계가 있으므로 감전에 따른 의식 불명 시는 즉시 응급처치를 하여야 하며, 구급법으로서는 심장마사지와 인공호흡법 등이 있다.

4) 감전사고의 응급조치

감전쇼크에 의하여 호흡이 정지되었을 경우 혈액중의 산소함유량이 약 1분 이내에 감소하기 시작하여 산소결핍현상이 나타나기 시작한다. 그러므로 단시간 내에 인공호흡 등 응급조치를 실시할 경우 그림에서 알 수 있는 것과 같이 감전재해자의 95% 이상을 소생시킬 수 있다.

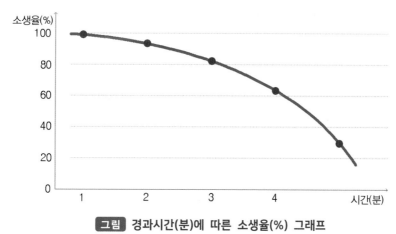

그림 경과시간(분)에 따른 소생율(%) 그래프

① 구강 대 구강법(입 맞추기 법)

㉮ 피해자의 입으로부터 오물, 이물질 등을 제거하고 평평한 바닥에 반듯하게 눕힌다.

㉯ 왼손의 엄지손가락으로 입을 열고 오른손 엄지손가락과 집게손가락으로 코를 쥐고 피해자의 입에 처치자의 입을 밀착시켜서 숨을 불어넣는다.

㉰ 사정에 따라 손수건을 사용하되 종이수건의 사용은 금한다.

㉱ 처음 4회는 신속하고 강하게 불어넣어 폐가 완전히 수축되지 않도록 한다.

ⓜ 사고자의 흉부가 팽창된 것을 확인하고 입을 뗀다.

ⓑ 정상적인 호흡간격인 5초 간격으로(1분에 12~15회) 위와 같은 동작을 반복한다.

이 구강 대 구강법으로 처치시 주의사항은 다음과 같다.

구강 대 구강법은 모든 사람이 행할 수 있으므로 환자를 발견하면 그곳에서 곧바로 실시해야 한다. 우선 인공호흡을 실시하고 다른 사람은 구급차나 의사를 부른다. 추락 등에 의해 출혈이 심한 경우 지혈을 한 후 인공호흡을 실시한다. 구급차가 도착할 때까지 환자가 소생하지 않을 때는 구급차로 후송하면서 계속 인공호흡을 실시해야 한다.

② 심장 마사지(인공호흡과 동시에 실시)

㉮ 피해자를 딱딱하고 평평한 바닥에 눕힌다.

㉯ 한 손의 엄지손가락을 갈비뼈의 하단에서 3수지 위 부분에 놓고 다른 손을 그 위에 겹쳐 놓는다.

㉰ 처치자의 체중을 이용하여 엄지손가락이 4㎝정도 들어가도록 강하게 누른 후 힘을 빼되 가슴에서 손을 떼지 말아야 한다.

㉱ 심장마사지 15회 정도와 인공호흡 2회를 교대로 연속적으로 실시한다.

㉲ 심장 마사지와 인공호흡을 2명이 분담하여 5 : 1의 비율로 실시한다.

③ 전기화상 사고의 응급 조치

㉮ 불이 붙은 곳은 물, 소화용 담요 등을 이용하여 소화하거나 급한 경우에는 피해자를 굴리면서 소화한다.

㉯ 상처에 달라붙지 않은 의복은 모두 벗긴다.

㉰ 화상부위를 세균 감염으로부터 보호하기 위하여 화상용 붕대를 감는다.

㉱ 화상을 사지에만 입었을 경우 통증이 줄어들도록 약 10분간 화상 부위를 물 에 담그거나 물을 뿌릴 수도 있다.

㉲ 상처 부위에 파우더, 향유, 기름 등을 발라서는 안 된다.

㉳ 진정, 진통제는 의사의 처방에 의하지 않고는 사용하지 말아야 한다.

㉴ 의식을 잃은 환자에게는 물이나 차를 조금씩 먹이되 알코올은 삼가해야 하며 구토증 환자에게는 물, 차 등의 취식을 금해야 한다.

㉵ 피해자를 담요 등으로 감싸되 상처 부위가 닿지 않도록 한다.

- 고전압계 부품 작업 시, 아래와 같이 「고전압 위험 차량」 표시를 하여 타인에게 고전압 위험을 주지시킨다.
- 이 페이지를 복사해서 고전압 작업중인 차량의 지붕위에 접어서 올려놓는다.

경 고

고전압 주의:
차량 작업 중이니 만지지 마시오.
담당자 : _____

그림 위험 표식

- xEV 전용 작업장을 구축하여 작업시 허가자외 출입제한 조치 가능해야 한다.

그림 xEV전용 작업장 구축

- 소방설비, 알람설비, 응급설비 등과 같은 안전설비를 갖추어야 한다.
- 작업장은 건조하고, 통풍이 잘되어야 한다.
- 작업차량에서 정전기 또는 누전 발생으로 인한 사고예방을 위한 접지설비가 돼 있어야 한다.

3 HEV 시스템 주의사항[9]

(1) 고전압 시스템 작업전 주의사항

하이브리드 자동차는 고전압 배터리를 포함하고 있어서 시스템이나 차량을 잘못 건드릴 경우 심각한 누전이나 감전 등의 사고로 이어질 수 있다. 그러므로 고전압 시스템 작업 전에는 반드시 아래 사항을 준수하도록 한다.

- 고전압 시스템을 점검하거나 정비하기 전에, 반드시 안전 플러그를 분리하여 고전압을 차단하도록 한다. (「고전압 차단 절차」 참조)
- 분리한 안전 플러그는 타인에 의해 실수로 장착되는 것을 방지하기 위해 반드시 작업 담당자가 보관하도록 한다.
- 금속성 물질은 고전압 단락을 유발하여 인명과 차량을 손상시킬 수 있으므로, 작업 전에 반드시 몸에서 제거한다. (금속성 물질 : 시계, 반지, 기타 금속성 제품 등)
- 고전압 시스템 관련 작업 전에는 안전 사고 예방을 위해 개인 보호 장비를 착용하도록 한다. (「개인 보호 장비」 참조)
- 보호 장비를 착용한 작업 담당자 이외에는 고전압 부품과 관련된 부분을 절대 만지지 못하도록 한다. 이를 방지하기 위해 작업과 연관되지 않는 고전압 시스템은 절연 덮개로 덮어놓는다.
- 고전압 시스템 관련 작업 시, 절연 공구를 사용한다.
- 탈거한 고전압 부품은 누전을 예방하기 위해 절연 매트에 정리하여 보관하도록 한다.

(2) 고전압 시스템 참고사항

- 모든 고전압계 와이어링과 커넥터는 오렌지색으로 구분되어 있다.
- 고전압계 부품에는 '고전압 경고' 라벨이 부착되어 있다.
- 고전압계 부품 : 고전압 배터리, 파워 릴레이 어셈블리, 하이브리드 구동모터, 하이브리드 스타터 제너레이터(HSG), 파워 케이블, 하이브리드 파워 컨트롤 유닛(HPCU), BMS ECU, 인버터(MCU), 저전압 직류 변환 장치(LDC), 메인 릴레이, 프리 챠지 릴레이, 프리 챠지 레지스터, 배터리 전류 센서, 메인 퓨즈, 배터리 온도 센서, 부스바,

---

9) 현대자동차, https://gsw.hyundai.com/ 아이오닉 2020년식 G1.6GDI HEV

전동식 컴프레서 등

(3) 파워 케이블 작업 시 주의사항

- 고전압 단자를 다시 체결할 경우, 체결 직후 절연 조치한다. (절연 테이프 이용)
- 고전압 단자 체결용 스크루는 규정 토크로 체결한다.
- 파워 케이블 및 부스바 체결 또는 분해 작업 시 (+), (-) 단자 간 접촉이 발생하지 않도록 주의한다.

(4) 하이브리드 차량 장기 방치 시 주의사항

- 스타트 버튼을 OFF 한 후, 의도치 않은 시동 방지를 위해 스마트 키를 차량으로부터 2m 이상 떨어진 위치에 보관하도록 한다.
- 2개월 이상 장기 방치할 경우, 고전압 배터리 보호 및 관리를 위하여 2개월에 1회 30분 이상 주행을 권장한다. (당사 관련 팀 문의 요망)
- 보조 배터리 방전 여부 점검 및 교체 시, 고전압 배터리 SOC 초기화에 따른 문제점을 점검한다.

(5) 하이브리드 차량 냉매 회수/충전 시 주의사항

- 고전압을 사용하는 하이브리드 차량의 전동식 컴프레서는 절연성능이 높은 POE 오일을 사용한다.
- 냉매 회수/충전 시 일반 차량의 PAG 오일이 혼입되지 않도록 하이브리드 차량 정비를 위한 별도 전용 장비(냉매 회수/충전기)를 사용한다.
- 반드시 전동식 컴프레서 전용의 냉매 회수/충전기를 이용하여 지정된 냉매(R-134a)와 냉동유(POE)를 주입한다. 일반 차량의 냉동유(PAG)가 혼입될 경우 컴프레서 손상 및 안전사고가 발생할 수 있다.

(6) 고전압 배터리 보관방법

1) 취급 및 보관

① 배터리는 27℃ 이하의 건조하고 습하지 않은 장소에 직사광선을 피해 보관하여야 한다.
② 배터리는 산성용액의 유출을 막기 위해 밀봉되어 있으나 배터리 취급 시 벽면 통풍구를 통한 용액유출이 있을 수 있으므로 45도 이상 기울이는 행위는 금한다. 배터리

를 항상 바르게 세워서 보관하시고 배터리 윗면에 용액이나 다른 물체를 적재하면 안된다.

③ 배터리에 케이블을 연결할 때 망치와 같은 공구를 사용하는 것은 매우 위험하다.

2) 차량에 장착된 배터리

① 장시간 차량을 보관할 경우, 자연 방전을 방지하기 위해 정선박스의 배터리 퓨즈를 반드시 탈거해 놓아야 한다.

② 또한, 배터리 퓨즈를 장착한 상태로 차량보관을 하였다면 1개월 안에 배터리 충전을 위한 차량 구동을 하여야 한다.

③ 배터리 퓨즈를 제거한 상태이더라도 최소 3개월 안에 배터리 충전을 위한 차량 구동을 하여야 한다.

4 고전압 부품

(1) 고전압 부품[10]

- 고전압 배터리, 파워 릴레이 어셈블리, 하이브리드 구동모터, 하이브리드 스타터 제너레이터(HSG), 파워 케이블, 하이브리드 파워 컨트롤 유닛(HPCU), BMS ECU, 인버터(MCU), 저전압 직류 변환 장치(LDC), 메인 릴레이, 프리 차지 릴레이, 프리 차지 레지스터, 배터리 전류 센서, 메인 퓨즈, 배터리 온도 센서, 부스바, 전동식 컴프레서 등

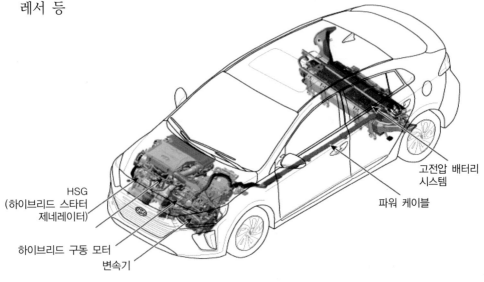

HSG
(하이브리드 스타터
제네레이터)

하이브리드 구동 모터

변속기

고전압 배터리
시스템

파워 케이블

---

10) 현대자동차, https://gsw.hyundai.com/ 아이오닉 2020년식 G1.6 GDI HEV

(2) 고전압 세부 내역

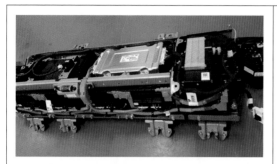

고전압 배터리 어셈블리

BMS ECU

파워 릴레이 어셈블리(PRA)
◦메인 릴레이(+), 메인릴레이(−)
◦프리 챠지 릴레이
◦프리 챠지 레지스터
◦배터리 전류 센서

하이브리드 파워 컨트롤 유닛(HPCU)
◦저전압 직류 변환 장치(LDC)
◦인버터
◦모터 컨트롤 유닛(MCU)
◦DC퓨즈

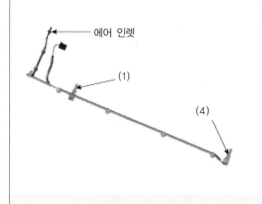

배터리 온도 센서

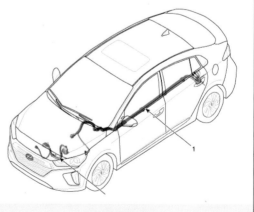

파워 케이블

하이브리드 구동 모터	하이브리드 스타터 제너레이터(HSG)
	전동식 컴프레서

5 고전압 차단절차[11]

① **점화 스위치를 OFF위치(스마트키는 차량 밖으로 5m이상 이격 권장)**

보조 배터리(12V)의 (−) 케이블을 분리한다.

(12V 납산 배터리 분리형 : 리어 트렁크 룸 우측)

> **참고** 고전압 배터리팩 내 12V 리튬배터리 내장형의 경우는 리어시트 쿠션과 좌측 리어도어 스카프 트림을 탈거하고 배터리(−)케이블 커버를(A) 탈거하면 배터리(−)케이블 커넥터(A)를 분리할 수 있다.

---

11) 현대자동차, https://gsw.hyundai.com/ 아이오닉 2020년식 G1.6GDI HEV

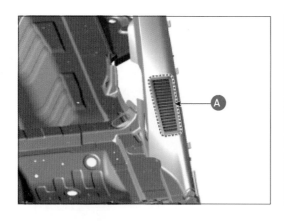
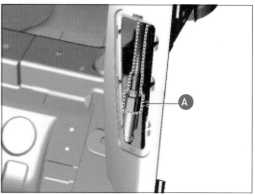

② 안전 플러그 커버 Ⓐ를 탈거하고, 잠금 후크 Ⓐ를 들어 올린 후, 화살표 방향으로 레버 Ⓑ를 잡아 당겨 안전 플러그 Ⓒ를 탈거한다.

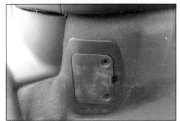

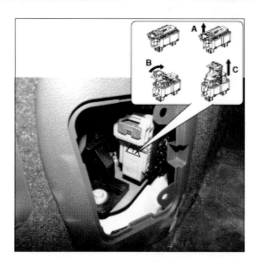

③ 안전 플러그 탈거 후 HPCU내 인버터에 있는 커패시터의 방전을 위하여 반드시 5분 이상 대기한다.

④ 인버터 커패시터 방전 확인을 위하여 인버터 단자간 전압을 측정한다.

1. 에어 클리너 어셈블리와 덕트를 탈거한다.

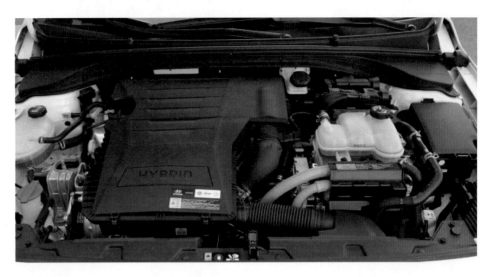

2. HPCU로부터 인버터 파워 케이블 Ⓐ을 분리한다.

인버터 파워 케이블은 아래와 같은 절차로 분리한다.

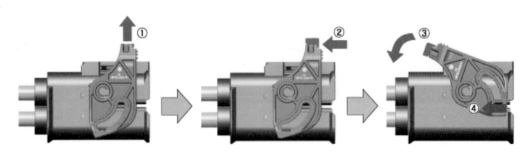

3. 인버터의 (+) 단자와 (-) 단자 사이의 전압 값을 측정한다.

    30V이하 : 고전압회로 정상차단

    30V이상 : 고전압 회로 이상 - DTC 고장진단 점검 실시

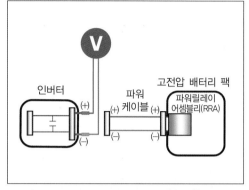

6 긴급 비상조치 및 안전사고 대응

(1) 고전압 배터리 취급 시 주의사항

- 고전압 배터리는 반드시 평행을 유지한 상태로 운반한다. 그렇지 않을 경우 배터리의 성능이 저하되거나 수명이 단축될 수 있다.
- 고전압 배터리는 고온 장시간 노출 시 성능 저하가 발생할 수 있으므로 페인트 열처리 작업은 반드시 70℃/30분 또는 80℃/20분을 초과하지 말아야 한다.

(2) 고전압 배터리 시스템 화재 발생 시 주의사항[12]

- 실내에서 화재가 발생한 경우, 수소 가스 방출을 위하여 환기를 실시한다.
- 화재 진압 시, ABC 소화기 사용을 권장한다. (물 사용 가능)
- 차량 화재 시에는 CO_2 소화기(전기화재 대응) 또는 소방수를 대량으로 방류하는 방식(테슬라 모델3의 경우 배터리화재를 완전 진압하고 냉각시 키는데 약 3,000갤런 (11,356리터) 필요)으로 소방을 하며, 만약 화재의 원인이 고전압 부분이라고 판단할 경우 배터리의 냉각조치를 겸하고 소방수 대량 방류를 통해 소화를 진행한다.
- 화재로 물을 소화 할 경우, 전기 화재 전용 분말 소화기 또는 다량의 물(가능한 경우)을 사용해야 한다.
- 화재 시 전기배선의 절연피복이 불타는 등의 이유로 회로가 단락되어 고전압이 차단되는 시스템이 내장되어 있으나, 화재부위나 퓨즈상황에 따라 고전압이 차단되지 않는 경우도 있으므로, 화재진압 이후에도 주의를 기울여야 한다.
- 연소 또는 과열 배터리가 유독성 증기를 방출하는데, 이 증기는 황산(H_2SO_4), 탄소산화물, 니켈, 알루미늄, 리튬, 구리 및 코발트를 포함하고 있다.
- 리튬 이온 배터리의 화재가 진압된 것처럼 보이더라도, 화재가 재발하거나 지연될 수 있다.

---

12) 환경부, 전기차 배터리 안전 회수 및 해체, 보관 매뉴얼

(3) 고전압 배터리 가스 및 전해질 유출 시 주의사항

- 스타트 버튼을 OFF 한 후, 의도치 않은 시동을 방지하기 위해 스마트 키를 차량으로부터 2m 이상 떨어진 위치에 보관하도록 한다.
- 가스는 수소 및 알칼리성 증기이므로, 실내일 경우는 즉시 환기를 실시하고 안전한 장소로 대피한다.
- 누출된 액체가 피부에 접촉 시, 즉각 붕소액으로 중화시키고, 흐르는 물 또는 소금물로 환부를 세척한다.
- 누출된 증기나 액체가 눈에 접촉 시, 즉시 흐르는 물에 세척한 후 의사의 진료를 받는다.
- 고온에 의한 가스 누출일 경우, 고전압 배터리가 상온으로 완전히 냉각될 때까지 사용을 금한다.

(4) 사고 차량 취급 시 주의사항

- 절연 장갑(또는 고무 장갑), 보호 안경, 절연복 및 절연화를 착용한다.
- 절연 피복이 벗겨진 파워 케이블(Bare Cable)은 절대 접촉하지 않는다. (「파워 케이블 작업 시 주의 사항」 참조)
- 차량 화재 시, ABC 소화기로 진압하며, 절대 물을 사용하지 않는다(다량의 물을 사용하는 것은 무방하나, 소량일 경우 화재를 악화시킬 수 있다).
- 차량이 절반 이상 침수 상태인 경우, 안전 스위치 등 고전압 관련 부품에 절대 접근하지 않는다. 불가피한 경우라도 차량을 안전한 곳으로 완전히 이동시킨 후 조치한다.
- 가스는 수소 및 알칼리성 증기이므로, 실내일 경우는 즉시 환기를 실시하고 안전한 장소로 대피한다.
- 누출된 액체가 피부에 접촉 시, 즉각 붕소액으로 중화시키고, 흐르는 물 또는 소금물로 환부를 세척한다.
- 고전압 차단이 필요할 경우, 「고전압 차단 절차」를 참조하여 작업한다.

(5) 사고 차량 작업 시 준비사항

- 절연 장갑(또는 고무 장갑), 보호 안경, 절연복 및 절연화
- 붕소액(Boric Acid Power or Solution)
- ABC 소화기

- 전해질용 수건
- 비닐 테이프(터미널 절연용)
- 메가옴 테스터(고전압 확인용)

(6) 고품 고전압 배터리 시스템 방전 절차[13]

- 고전압시스템 취급 주의사항을 반드시 지킨다. (하이브리드 시스템 주의사항 참조)
- 절연장갑과 보안경을 착용하고, 절연 공구를 사용한다.
- 고전압 배터리는 감전 및 기타사고의 위험이 있으므로 고품 고전압 배터리에서 아래와 같은 이상 징후가 감지되면 서비스 센터에서 염수침전(소금물에 담금) 방식으로 고품 고전압 배터리를 즉시 방전한다.
- 화재의 흔적이 있거나 연기가 발생하는 경우
- 고전압 배터리의 전압이 비정상적으로 높은 경우(302 V 이상)
- 고전압 배터리의 온도가 비정상적으로 지속 상승하는 경우
- 전해액 누설이 의심되는 이상 냄새(화학약품, 아크릴 냄새와 유사)가 발생할 경우

- **염수침전 방전 방법**
- 대형 대야(또는 유사 크기의 용기)에 약 200 리터의 물을 붓는다.
- 소금물의 농도가 약 35% 정도가 되도록 소금을 부어 소금물을 만든다.
- 코끼리형 리프트 잭을 이용하여 고전압 배터리 어셈블리를 아래와 같이 소금물에 담근다.
- 약 12시간 이상 방치한 후 고전압 배터리를 대야에서 꺼내어 건조한다.
- 주의 : 2개 이상의 고전압 배터리를 절대로 염수에 함께 넣지 않는다.

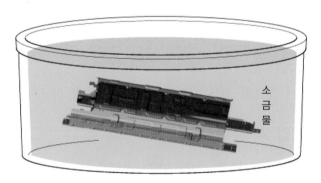

소금물

그림 현대자동차 아이오닉 2020년식 G1.6GDI HEV 고전압 배터리 염수 침전법

---

13) 현대자동차, https://gsw.hyundai.com/ 아이오닉 2020년식 G1.6GDI HEV

3 xEV의 구성부품 구조 및 기능

1 고전압 배터리 구조 및 BMS

(1) HEV 고전압 배터리 시스템

HEV 고전압 배터리 시스템은 HCU(Hybrid Control Unit), MCU와 통신하며 전기에너지를 HEV 파워트레인으로 공급하거나 저장하는 기능을 수행한다.

주요 기능은 첫째, 모터가 엔진의 구동을 도울시 배터리는 전기에너지를 모터에 공급한다. 둘째, 회생제동 또는 엔진구동 시에는 모터의 기계적 에너지가 MCU를 통해 전기에너지로 전환되고 그 전기에너지를 배터리에 저장한다. 셋째, BMS는 배터리 SOC 및 최대충전과 방전이 가능한 출력을 계산하여 CAN 통신으로 HCU에 송신하며 HCU는 배터리 SOC (State Of Charge)와 가용출력에 따라 엔진 동력을 분배하며 MCU에 신호를 송신한다. 그리고 그에 따라 MCU는 모터 동력을 분배한다.

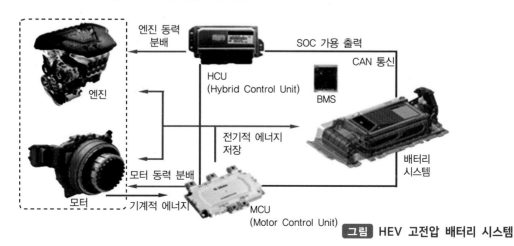

그림 HEV 고전압 배터리 시스템

(2) 고전압 배터리 어셈블리

현대자동차 아이오닉 2020 G1.6 HEV의 예를 들면 고전압 배터리 시스템은 하이브리드 구동 모터, HSG와 전기식 A/C 컴프레서에 전기 에너지를 제공하고, 회생 제동으로 인해 발생된 에너지를 회수한다.

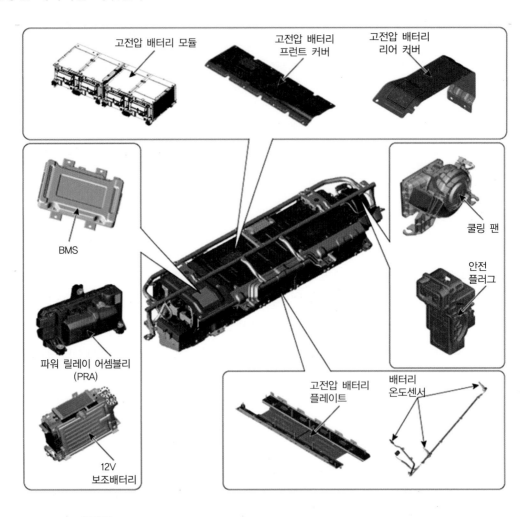

그림 현대 아이오닉 2020 G1.6 GDI HEV 고전압 배터리 어셈블리

고전압 배터리 시스템은 배터리 팩 어셈블리, BMS ECU, 파워 릴레이 어셈블리, 케이스, 컨트롤 와이어링, 쿨링 팬, 쿨링 덕트로 구성되어 있다.

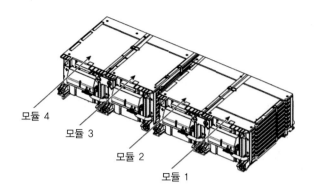

모듈 4
모듈 3
모듈 2
모듈 1

그림 현대 아이오닉 2020 G1.6 GDI HEV 고전압 배터리 모듈

배터리는 리튬 이온 폴리머 배터리(LiPB) 타입이며, 64 셀(16 셀 × 4 모듈)이다.
각 셀의 전압은 3.75V DC이며, 따라서 배터리 팩의 정격 용량은 240V DC이다.

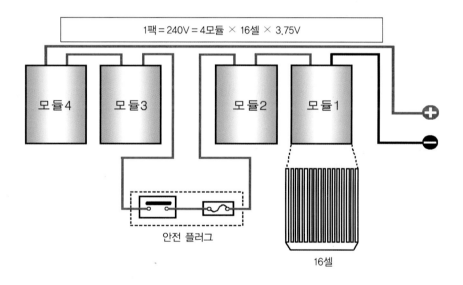

1팩 = 240V = 4모듈 × 16셀 × 3.75V

모듈4   모듈3   모듈2   모듈1

안전 플러그

16셀

그림 현대 아이오닉 2020 G1.6 GDI HEV 고전압 배터리 모듈 결선회로도

(3) BMS(Battery Management System)

고전압 배터리 컨트롤 시스템은 컨트롤 모듈인 BMS ECU, 파워 릴레이 어셈블리(PRA),
안전 플러그, 배터리 온도 센서, 배터리 외기온도 센서로 구성되어 있으며, 고전압 배터리의
SOC(State Of Charge), 출력, 고장 진단, 배터리 셀 밸런싱(Balancing), 시스템 냉각, 전원
공급 및 차단을 제어한다.

파워 릴레이 어셈블리는 메인 릴레이, 프리 차지 릴레이, 프리 차지 레지스터, 배터리 전류 센서로 구성되어 있으며, 부스바(Busbar)를 통해서 배터리 팩과 연결되어 있다.

표13 현대 아이오닉 2020 G1.6 GDI HEV BMS 기능

기 능	목 적
배터리 충전률(SOC) 제어	– 전압/전류/온도 측정을 통해 SOC를 계산하여 적정 SOC 영역으로 제어함
배터리 출력 제어	– 시스템 상태에 따른 입/출력 에너지 값을 산출하여 배터리 보호, 가용 파워 예측, 과충전/과방전 방지, 내구 확보 및 충/방전 에너지를 극대화함
파워 릴레이 제어	– IG ON/OFF 시, 고전압 배터리와 관련 시스템으로의 전원 공급 및 차단 – 고전압 시스템 고장으로 인한 안전 사고 방지
냉각 제어	– 쿨링 팬 제어를 통한 최적의 배터리 동작 온도 유지(배터리 최대 온도 및 모듈 간 온도 편차 량에 따라 팬 속도를 가변 제어함)
고장 진단	– 시스템 고장 진단, 데이터 모니터링 및 소프트웨어 관리 – 페일-세이프(Fail-Safe) 레벨을 분류하여 출력 제한치 규정 – 릴레이 제어를 통하여 관련 시스템 제어 이상 및 열화에 의한 배터리 관련 안전 사고 방지

※ SOC(State Of Charge, 배터리 충전률) : 배터리의 사용 가능한 에너지
[(방전 가능한 전류 량 / 배터리 정격 용량) × 100%]

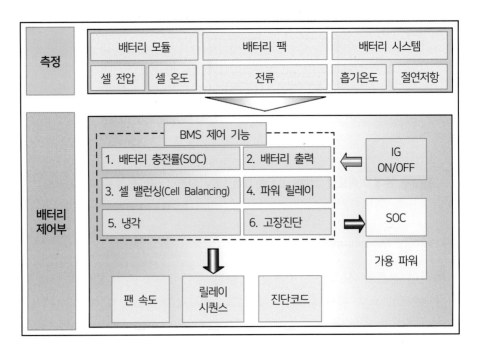

그림 현대 아이오닉 2020 G1.6 GDI HEV 고전압 배터리 컨트롤 시스템 작동

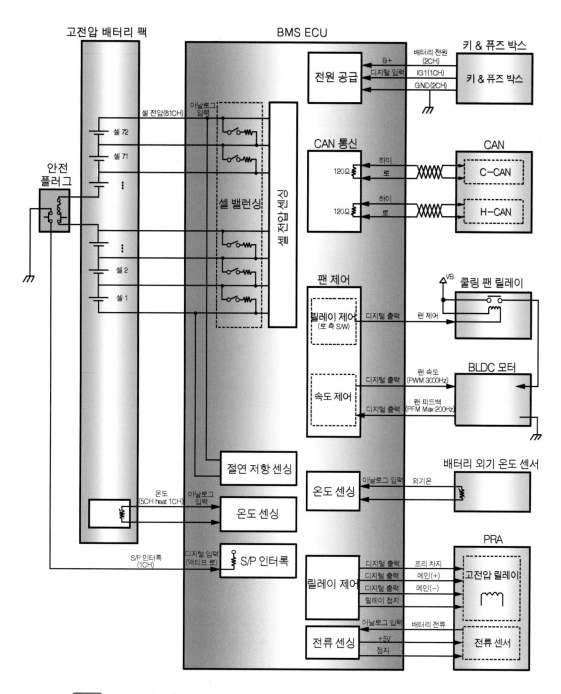

그림 현대 아이오닉 2020 G1.6 GDI HEV 고전압 배터리 컨트롤 시스템 회로도

2 구동모터의 구조 및 역할

(1) 모터 개요

1) 모터의 회전 운동

모터는 자석의 흡인력과 반발력을 이용하여 회전 운동을 한다.

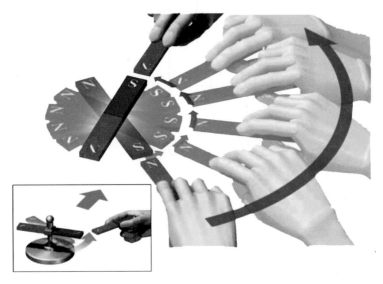

그림 모터의 회전 원리

막대자석의 중심부에 구멍을 뚫고 축을 통과시켜 방위 자석처럼 전체가 회전할 수 있도록 한다. 이것을 「**회전자**(rotor)」라고 부른다. 로터의 S극에 손에 들고 있는 자석의 S극을 가까이 대면 반발력이 작용하여 회전자석은 축을 중심으로 회전하고, 반회전해서 N극이 손에 들고 있는 자석의 S극에 가까워지면 흡인력이 작용하여 정지한다.

다음으로 로터의 S극의 움직임을 쫓아, 손에 들고 있는 자석의 S극을 가까이 댄 상태로 있으면, 로터는 계속 돌아간다. 이것이 실제적인 모터의 원리이고. 실제 모터에서는 손에 들고 있는 자석 대신에 「**고정자**(stator)」를 사용한다. 모터에 사용하는 자석은 여러 가지 조합이 있지만, 일반적으로는 어느 쪽이든 영구자석, 반대쪽에 전자석을 사용하여 전자석에 흐르는 전류의 방향을 바꾸는 것으로 극성을 변경해서 로터와 스테이터 간의 끌어당기는 힘과 미는 힘을 적절하게 유지하여 회전을 유지시킨다.

2) 3상 교류

120도 위상차의 3개 단상 교류를 조합하여 3상 교류 동기 모터를 구동하기 위한 전원이다. 가장 대중적인 예가 우리나라에서 산업용 전원으로 사용되는 3상 380V 전원으로 공작기계 등의 모터를 효율적으로 구동하는 것이 주된 목적이다.

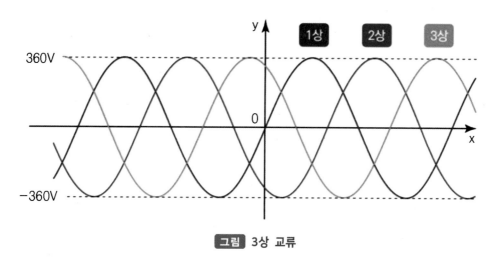

그림 3상 교류

3) 3상 교류 동기모터의 원리

로터와 스테이터가 2극씩인 경우 로터가 어느 방향으로 회전할지는 알 수 없게 된다. 기동하는 순간의 로터와 스테이터의 위치에 따라 흡인력과 반발력의 어느 쪽이 작용하는가에 따라 회전 방향이 성립되기 때문에 모터는 일반적으로 3개의 전자석과 2개의 영구자석을 사용하여 구성한다.

그림 3상 교류 동기 모터

위 그림은 스테이터에 전자석을 사용하는 패턴으로 정지 상태에서 로터의 극성이 어떤 위치에 있더라도 스테이터 측의 극성을 변경시키는 순서에 따른 방향으로 회전한다. 교류 모터의 경우 120도의 위상차가 있는 「3상 교류」의 전류를 각 스테이터에 1상씩 흐르도록 하면 로터가 120도마다 흡인력과 반발력의 관계를 바꾸면서 계속 회전하게 된다.

그림 3상 교류 동기형 모터의 회전 구조

교류란 「교번 전류」의 약어로, 영어로는 Alternating Current, 줄여서 AC라고 불리며, 주기적으로 크기와 방향이 변화하는 전류이다. 직류(Direct Current)는 전류의 크기와 방향이 항상 일정하고 플러스에서 마이너스로 흐르는데 비하여 교류는 주파수에 따라서 전류의 방향이 바뀐다. 1초 간에 50회의 위상을 변환하면 50Hz, 60회이면 60Hz의 교류이다. 교류 모터는 이 위상의 변환을 이용하여 전자석의 자극을 바꾸는 것으로 손에 든 자석을 회전시키는 것과 같은 효과를 얻는다.

교류 동기 모터의 실제적인 최소 구성 단위인 「3극의 전자석」에 맞추어 3상이라고 하며, 각 상의 위상을 120도로 배치한다. 그러면 스테이터 측에 배치한 3개의 전자석은 극성을 변화시키므로 로터의 영구 자석이 그것에 반응하여 반발력과 흡인력이 발생되어 한 방향으로 계속 회전하는 것이다.

이때 로터의 회전수는 교류 주파수에 동기화되며, 주파수가 일정하다면 로터도 그에 따른 회전수를 유지하여 계속 회전한다. 반대로 로터의 회전수를 변화하고 싶다면 주파수 변환장치를 통하여 주파수를 변화시키면 된다. 주행 중 완전정지상태에서 최고회전까지 회전수 변화가 심한 xEV 구동용으로는 이와 같은 동기 모터의 특성이 요구된다.

(2) xEV용 모터 기본 구조

로터와 스테이터 모두 철이 쉽게 자화(磁化)되도록 처리함으로써 전기 에너지와 자기 에너지의 변환 효율을 높인 얇은 「규소 강판」을 적층한 구조가 일반적이다. 스테이터는 코일에 전류가 흐르는 동안만 강하게 자화하여 극성을 변화시키는 특성 때문에 규소 강판을 이용하고, 로터는 내부에 매립되어 있는 영구 자석의 자력을 효율적으로 전달하기 위해서 규소 강판을 이용하고 있다. 강판 1장당 두께는 0.5mm 이하가 주류이며, 얇게 만들수록 고속 회전형 모터에 적합한 특성이 된다.

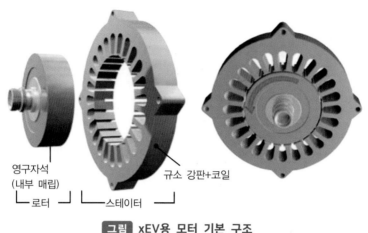

영구자석
(내부 매립)
└ 로터 ┘ └ 스테이터 ┘   규소 강판+코일

그림 xEV용 모터 기본 구조

1) 로터와 스테이터의 조합

표10 회전식 모터의 기본 조합

		로 터		
		영구자석	전자석	자성체
스테이터	영구자석	×	○	○
	전자석	◎	○	○
	자성체	×	×	×

회전식 모터는 「자석」, 「전자석」, 「자성체」 중 두 가지를 조합시키는 것이 기본이며, 자성체 이외에는 로터나 스테이터 어느 것이든 사용이 가능하지만, 교류 동기 모터에서는 일반적으로 스테이터를 전자석, 로터를 영구 자석으로 구성한다. 일반적으로는 스테이터를 외측에 로터를 내측에 배치하지만 모터의 종류에 따라서는 아우터 로터 형식도 존재한다. 이러한 조합은 용도와 목적에 따라 선택된다.

2) 동기 모터와 유도 모터

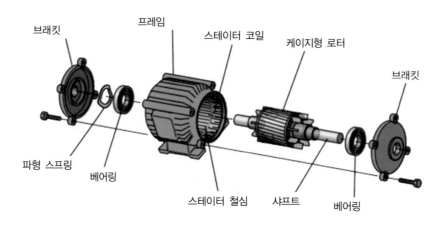

[그림] 교류 모터

기본적인 교류 모터는 자계의 이동에 의해서 발생되는 「와전류」를 이용하여 회전하는 「유도 모터」이다. 영구 자석이 필요 없고 도선을 사용하여 전자석을 만들 수 있으므로 대형화 및 고출력화 하기 쉽고 비용이 싸다. 엘리베이터용 모터나 철도 차량용 모터 등에 이용되고 있지만 단순한 제어로 일정 회전형이다.

외측 고정자(스테이터)에서 발생하는 고정자 필드(고정자 전기속도)보다 내측 회전자(로터)에서 유도된 회전필드(회전자 기계속도)가 항상 지연되므로 슬립이 발생된다. 그러나 동기형 모터는 내측 회전자(로터)가 보통 영구자석으로 되어 있어 외측 고정자(스테이터)의 고정자필드와 내측 회전자(로터)의 회전필드가 동기화되어 슬립이 없다.

동기 속도는 다음과 같이 구한다.

$$N = \frac{120f}{P}$$

N :동기속도(RPM)
f : 주파수(Hz)
P : 극의 수(단상 당)

따라서 xEV와 같이 속도 변화가 심한 주행 구동용으로는 주파수와 동기화된 회전을 얻을 수 있는 동기형 모터가 주로 사용된다. 표 11 참조[14]

14) Elwart et al., "Current Developments and Challenges in the Recycling of Key Components of (Hybrid) Electric vehicles", Recycling, 2015.

표11 자동차 제작사별 사용 모터

(H)EV	Sales	Type	Motor Type
Nissan LEAF	30200	EV	PM [22]
Chevrolet Volt	18805	HEV	PM [23]
Tesla Model S *	17300	EV	IM [24]
Toyota Prius PHV	13264	HEV	PM [25]
Ford Fusion Energi	11550	HEV	PM [26]
Ford C-Max Energi	8433	HEV	PM [26]
BMW i3 **	6092	EV/HEV	PM [24]
smart ED	2594	EV	PM [22]
Ford Focus Electric	1964	EV	PM [25]
Fiat 500e *	1793	EV	IM [22]
Cadillac ELR	1310	HEV	PM [23]
Toyota RAV4 EV	1184	EV	IM [24]
Chevrolet Spark EV	1145	EV	PM [27]
Total	119710		
Worldwide	320713		

Sales Numbers according to [28], * Estimated number, ** starting from May 2014.

(※ PM : Permanent Magnetic Synchronous Motors, IM:Induction Motors)

3) AC 동기 모터와 DC 브러시리스 모터

① EV의 구동용으로 사용되는 대표적인 모터는 「영구자석 교류 매입식 3상 AC동기형」 이다. 메이커나 차종에 따라서는 「DC 브러시리스」라고 표기하고 있는 경우도 있지만 실제로 이들은 같은 것이다. 모터 전체구조로 볼 때 3상 교류 전력을 사용하므로 AC 동기모터로 볼 수 있다. 배터리로부터 모터까지의 시스템 전체로 볼 때 직접적인 전 원은 DC이지만 일반적으로 DC 모터의 극성 변환에 사용하는 브러시가 존재하지 않 으므로 DC 브러시리스 모터의 호칭을 사용하고 있다.

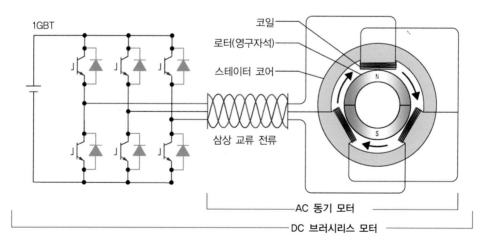

그림 AC 동기 모터와 DC 브러시리스 모터

② SPM형 회전자와 IPM형 회전자 [15)]

영구 자석형 동기 모터의 회전자(로터)에는 자석의 배치 방법에 따라서 표면 자석형 회전자(와 매립 자석형 회전자가 있으며, 표면 자석형을 SPM(Surface Permanent Magnet)형 회전자라고도 한다. 계자(스테이터)와 자석의 거리가 가깝기 때문에 자력을 유효하게 활용할 수 있고 토크가 크지만 고속회전 시에 원심력으로 자석이 벗겨져 떨어지거나 비산될 가능성이 있다.

매립 자석형은 IPM(Interior Permanent Magnet)형 회전자라고도 하며, 고속회전 시의 위험성이 없지만 자력이 약하고 토크가 작다.

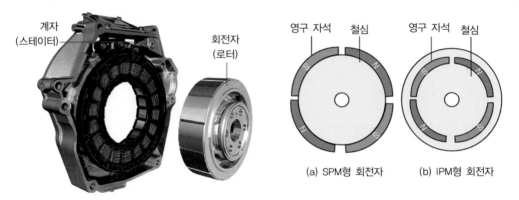

(a) SPM형 회전자   (b) IPM형 회전자

그림 SPM형 회전자와 IPM형 회전자

③ IPM형 복합 회전자 [16)]

전기 자동차 및 하이브리드 자동차의 구동용 모터로 사용되며, 구조가 간단하고 강력한 희토류 자석에 의해 큰 토크가 발생되는 영구 자석형 동기 모터이다. 회전자(로터)는 IPM형 회전자를 채택하여 사용하는 경우가 늘어나고 있지만 토크의 면에서 SPM형 회전자보다 불리하며, 자석에 의한 토크와 릴럭턴스 토크도 발생할 수 있도록 철심에 돌극을 배치하는 회전자를 IPM형 복합 회전자라고 한다.

---

15) 골든벨, 전기자동차 매뉴얼 이론 & 실무 p.51
16) 골든벨, 전기자동차 매뉴얼 이론 & 실무 p.51

표 12   모터의 특징 비교

구분	BLDC	SPM	IPM
구조			
전류파형			
장단점	저소음, 고효율 제작공정 특이 온도특성 불리 고출력 밀도화	BLDC 대비 저효율 Low Cost 간단구조 진동, 소음(토크리플)	BLDC 대비 저효율 Low Cost 간단구조, 내구성
토크발생 특징	SPM ; Magnetic IPM ; Magnetic + Reluctance	Reluctance 차이에 의한 회전 동작	Slip

회전자의 위치에 따라서 릴럭턴스 토크가 역방향에도 발생할 수 있어 1회전 시에 발생하는 토크의 변동이 크지만 합계에서 얻는 복합 토크를 SPM형 보다 크게 할 수 있다.

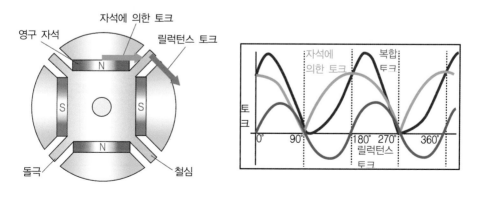

그림   IPM형 복합 회전자

4) 모터의 성능을 좌우하는 요소

모터의 성능에 관하여 대표적인 지표는 출력과 효율이다. 출력 Pout(Nm/s)은 모터 출력
축으로부터 발생하는 기계적인 에너지인 토크(Nm)값에 1초당 회전수(rps)를 곱하여 산출한
다. 효율(η)은 입력한 전기에너지 Pin에 대한 Pout의 비율을 퍼센트로 나타낸 것으로, 인버
터로 제어하는 교류 동기 모터는 효율이 90%이상으로 EV용으로 많이 사용된다.

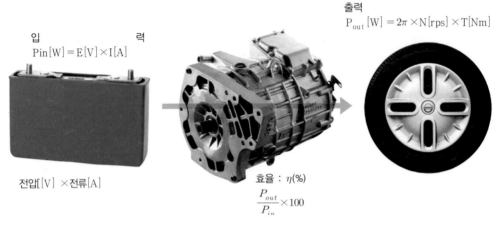

그림 모터 성능을 좌우하는 요소

5) 모터의 기본적인 출력 특성

그림은 닛산 프레젠테이션에 사용된 자료를 기초로 작성한 EV차량과 3리터급 내연기관
(Internal Combustion Engine)차량의 가속 특성을 나타낸 것이다. 모터는 출발에서부터
큰 출력이 발생되어 단시간에 목표속도에 이르는 EV의 장점을 나타내고 있다. 독립제어가
없는 EV에 비해서 상당히 부드러운 주행이 가능하다.

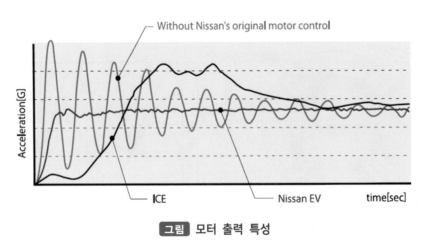

그림 모터 출력 특성

그림은 출발 직후부터 큰 토크를 내는 모터 특유의 토크 특성을 보여준다. 모터의 토크 특성은 저속에선 매우 크며, 고속으로 갈수록 토크가 작아진다. 회전중인 모터에는 플레밍의 오른손 법칙에 의해 역방향의 전류(역기전력)가 발생한다. 따라서 회전수가 일정 이상으로 높아지면 모터의 구동 전류와 균형을 이루어 그 이상의 전류가 흐를 수 없는 상태가 되어 토크가 작아지는 결과를 초래한다.

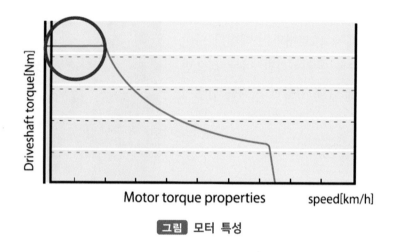

그림 모터 특성

6) 자극 수에 의한 모터 특성

3상 교류 주파수와 회전수가 동기화되는 모터의 경우 전자석의 수가 3배수인 것이 좋다. 영구자석은 2극으로 되어도 상관없으므로 최소의 구성은 스테이터 3극, 로터 2극이 된다. 실제로 EV용으로 사용되는 모터는 회전수의 변화를 보다 섬세하게 제어하기 위해 다수의 극을 갖추고 있지만 그 비율은 3대 2가 기본이다. 다극화는 토크 특성 개선 등 장점이 있지만 비용 증가를 초래한다.

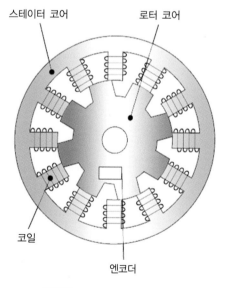

그림 모터의 자극 수

7) 모터 크기와 출력의 관계

모터의 출력과 효율을 좌우하는 대표적인 요소는 자석 강도와 전자석 코일수이다. 또한 모터의 크기인 단면적은 (축방향의 길이 d, 축 중심으로부터 자석까지의 거리 r)와 토크는 거의 비례관계에 있으므로 토크(T)와 거리(r)는 제곱의 관계가 된다. 에어 갭(로터와 스테이터 사이의 거리)은 작을수록 유리하지만 너무 작으면 다른 철심의 투자율 등에 영향이 미치는 단점이 생긴다.

그림 모터의 크기 특성

8) EV용으로 사용되는 모터 종류

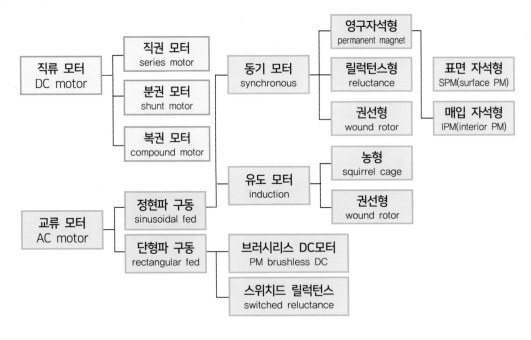

그림 xEV용 모터의 종류

9) 모터와 동력전달장치

모터의 출력 토크는 회전 초기부터 최대 토크를 유지할 수 있는 특성상 변속기가 필요 없으며, 엔진의 회전을 전달 또는 차단하는 클러치도 필요 없게 된다. 그러나 일반 자동차의 경우에는 엔진 회전수가 낮을 때는 출력 토크가 낮고, 회전수가 높아짐에 따라 큰 토크를 발생하므로 출발 또는 가속 시에 변속기의 도움이 필요하다.

또한 모터는 엔진과 같이 아이들링의 필요가 없으므로 간단한 조작 즉 가속 페달을 밟으면 스위치가 ON되고, 이후 가속 페달의 밟는 량에 따라 전류량을 조절한다.

① 동기 모터의 주파수 제어

모터는 정격 회전수 보다 높아지면 리액턴스에 의해 흐르는 전류량이 작아지면서 토크가 작아지지만 모터가 회전을 시작할 경우에는 토크가 크므로 구동 모터에 적합하다.

또한 동기 모터에 공급되는 전류 주파수를 인버터로 제어할 경우 최대 토크 및 정격 출력을 어느 정도의 회전수까지 유지할 수 있는 특성이 있으므로 변속기 없이 구동하는 자동차에 적합하다.

② 동기 모터의 특성

모터는 고온에서 연속하여 사용하면 발열에 의해 코일이 손상되는 경우가 존재할 수 있으므로 온도, 기계적 강도, 진동 및 효율 측면에서 모터는 적정 한계 회전수를 설정하고 있다. 이에 따라 최대 토크는 모터에 흐를 수 있는 정격 전류로 결정되며, 회전수가 높아지면 출력은 상승하지만 열의 발생이 많아지기 때문에 출력을 제어한다.

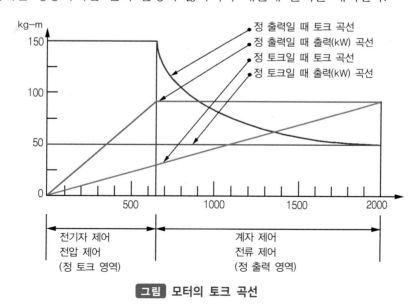

그림 모터의 토크 곡선

전기 자동차 등의 경우 모터에 공급되는 전원은 고전압 배터리에 축전된 에너지의 출력에 한계가 있어 그 이상의 전력을 방출할 수 없는 문제점과 위의 모터의 토크 곡선 그림에서와 같이 고회전수에서는 급격히 회전력이 떨어지는 특성이 있다.

③ 구동 장치

인휠 모터를 구동 바퀴에 설치하여 자동차 운행에 필요한 구동력을 직접 전달하여도 되지만, 모터의 높은 회전영역과 출력을 감안하여 자동차는 감속기를 사용하며 또한 커브 길 주행을 위한 차동기어 장치와 구동 바퀴에 회전을 전달하는 구동축을 갖춘 구동장치를 사용한다.

그러나 모터는 인버터에 의해 3상 코일의 여자 순번을 바꾸면 회전방향을 정방향과 역방향으로 변환시킬 수 있으므로 전후진의 변환 기구는 필요하지 않다.

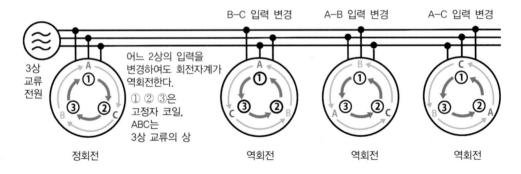

그림 모터의 정회전과 역회전

④ 모터의 효율과 손실

모터는 엔진에 비하면 효율이 높으며, 영구자석형 동기 모터는 효율이 95%에 이르지만 고온과 고회전수에서는 효율이 저하하는 성질이 있으므로 냉각 설계가 중요하다.

냉각 장치는 공기의 흐름에 의해서 냉각하는 공랭식과 모터 내부의 액체 냉각액을 통해서 냉각하는 수랭식이 있으며, 모터뿐만 아니라 배터리 및 전자제어 장치에 냉각 장치를 설치하여 열적 특성을 관리하여야 한다.

모터 냉각장치

배터리 냉각장치

컨트롤 유닛 냉각장치

그림 모터 구동에 관련된 냉각장치

3 인버터 및 컨버터 기능과 제어

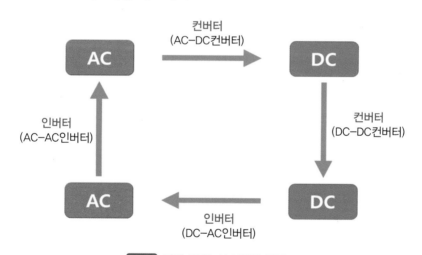

컨버터
(AC-DC컨버터)

AC

DC

인버터
(AC-AC인버터)

컨버터
(DC-DC컨버터)

AC

DC

인버터
(DC-AC인버터)

그림 전력 변환 시스템의 분류

(1) 인버터 개요

발전소에서 공급되는 전기는 발전이 쉽고 송전 시에 전압을 상승시켜 효율을 높일 수 있기 때문에 교류(AC ; Alternating Current)가 사용되고 있다. 그러나 우리 주변에는 직류(DC ; Direct Current)를 필요로 하는 기기가 많기 때문에 필요에 따라 교류를 직류로 변환하는 컨버터(Converter)가 사용된다. (예, 휴대하여 충전할 때 사용되는 AC 어댑터 등) 즉, 처음 교류를 공급받고 어댑터를 통해 직류로 변환시켜 기기에 공급한다. 그러나 이와는 반대로 직류를 공급받고 교류로 역방향 변환을 하는 것이 인버터(Inverter = 반대로 하는 것)라고 한다. 특히 교류(AC) 동기 모터는 주파수 제어를 통해 세밀한 회전수 제어가 가능하며 이러한 특징은 폭넓은 회전 영역 범위에서 작동이 요구되는 xEV용 구동모터에서는 중요하며, 내구성이 뛰어난 교류 동기 모터의 특성과 맞물려 현재 xEV의 주요 기술이다.

회전자의 회전속도 및 계자의 위치 관계를 파악할 수 있는 위치 센서의 신호를 참조하여 제어기는 인버터를 매우 낮은 주파수와 전류로 모터를 시동하고 주파수를 조금씩 높여 가면서 회전수를 조절한다.

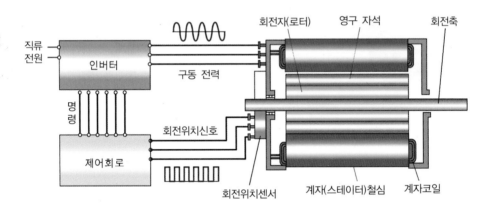

그림 주파수 제어 회로

(2) H 브리지

인버터는 "H 브리지"라고 불리는 기본회로를 사용하여 극성의 변환을 한다.

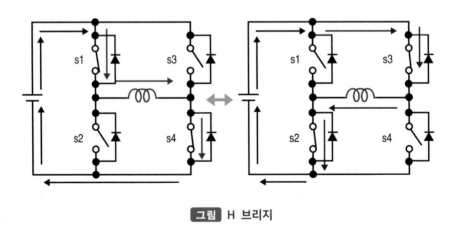

그림 H 브리지

대각으로 배치한 스위치(S1~S4, 실제로는 IGBT 사용)를 ON/OFF 하는 2가지 패턴에 따라 중앙코일에 흐르는 전류 방향이 바뀌게 되는 것을 알 수 있다. 스위치에 병렬로 배치되는 다이오드는 스위치 OFF시 발생하는 역기전력을 회로 내에 환류 되도록 유도하여 스위치(트랜지스터)를 보호하기 위한 것으로 "프리 휠 다이오드"라고 불린다.

그러나 ON과 OFF밖에 없는 스위치(또는 IGBT)로는 매끄러운 사인 커브의 교류 곡선을 재현하는 것은 불가능하다. 그래서 가장 일반적인 방법이 교류 유사 파형을 생산하는 것으로 초고속으로 조금씩 스위칭함으로써 단위 시간당의 전류량으로 교류의 곡선에 상당하는 출력을 얻는 PWM(Pulse Width Modulation)방법을 이용한다.

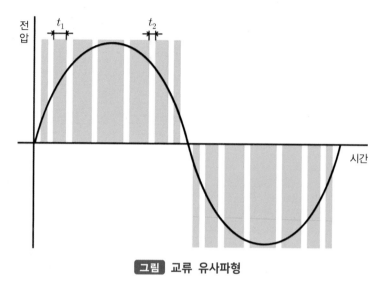

그림 교류 유사파형

1초에 수 만회의 스위칭이 가능한 초고속 스위칭 특성과 내 고전압성을 가진 전력제어용 파워 트랜지스터(반도체)인 IGBT(lnsulated Gate Bipolar Transistor)와 초고속의 제어가 가능한 마이크로컴퓨터를 조합하여 정밀한 인버팅을 한다. 실제 xEV에서는 "H 브리지"를 확장한 3상 인버터가 사용되고 있다.

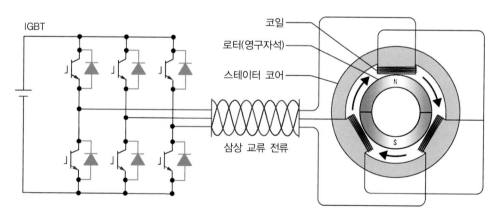

그림 닛산 LEAF 인버터 작동원리

2개의 소자 중에 한쪽의 스위칭 소자가 ON일 때 흐르는 전류를 순방향이라면, 다른 한쪽의 스위칭 소자가 ON일 때에는 반대방향으로 전류가 출력되며, 이때 듀티비를 연속적으로 증가 또는 감소하는 방향으로 변화시키면 출력 전압은 교류와 유사한 파형 즉 사인 곡선에 가까운 교류의 출력이 가능하다. 이러한 출력을 **유사 사인파 출력**이라 한다.

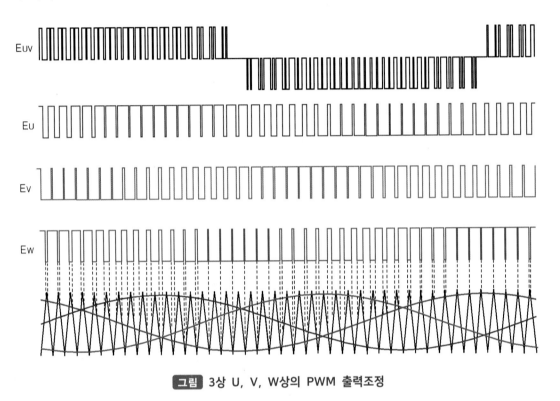

그림 3상 U, V, W상의 PWM 출력조정

(3) 초핑 제어

솔레노이드 코일의 특성에 따라 인가하는 시간 비율을 조절하여 전압과 전류량을 조절하는 제어를 초핑 제어라고 한다. 초핑 제어 구간에서 1회 ON 구간과 1회 OFF 구간을 합한 것이 1주기이며, 1초 동안 반복되는 주기의 횟수를 주파수(Hz)라고 한다.

또한 펄스 폭 변조 방식(PWM)에서는 동일한 스위칭 주기 내에서 ON 시간의 비율을 바꿈으로써 출력 전압 또는 전류를 조정할 수 있다. 듀티비가 낮을수록 출력 값은 낮아지며, 출력 듀티비가 50%일 경우에는 기존 전압의 50%를 출력한다.

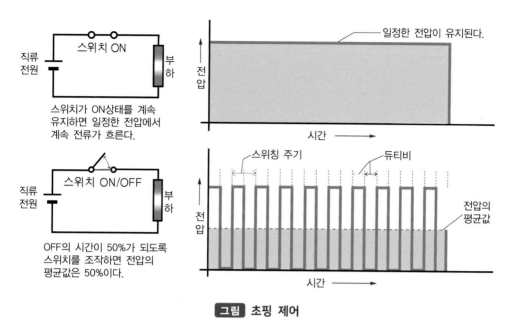

그림 초핑 제어

(4) 컨버터

xEV에 탑재된 고전압 배터리의 직류전압을 저전압 전장품에 적합한 전압으로 강압하는 강압형 저전압 DC-DC컨버터를 LDC(Low Voltage DC-DC Converter)라고 한다. 반면 고전압 배터리보다 더 높은 전압으로 상승시켜 인버터에 공급하는 승압형 DC-DC컨버터는 HDC(High Voltage DC-DC Converter)라고 한다. LDC는 고전압 전원체계와 저전압 전원체계가 서로 안정적으로 운용되고 안전성이 확보되도록 절연(Isolation)된 전기적 구조를 지니고 있어야 하며, HDC는 회생제동(Regenerative breaking)이 적용된 차량시스템에서 인버터를 통한 고전압 배터리로의 회생전력공급이 가능하도록 양방향 전력흐름이 가능하여야 한다.

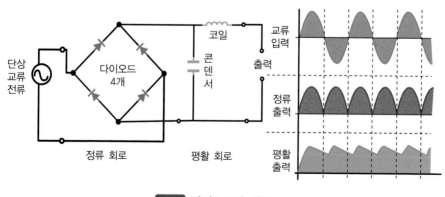

그림 다이오드의 정류

교류를 반도체 소자인 다이오드의 정류 작용을 이용하여 직류로 변환하는 장치를 AC·DC 컨버터 또는 정류기라 하며, 단상 교류인 경우 4개의 다이오드, 삼상 교류인 경우는 6개의 다이오드로 전파 정류 회로를 구성할 수 있다.

4 HEV 시스템 모듈의 제어[17)

하이브리드 전기 자동차(HEV : Hybrid Electric Vehicle)는 하이브리드 동력원, 즉 내연기관(엔진)에 전기 모터를 혼합한 형태의 동력원을 탑재한 차량으로 내연기관 자동차에 비해, 연료 효율이 높고, 배기가스 내 유해 물질 배출량이 현저히 낮다. 전기차(EV) 주행 모드에서는 전기모터로만 주행이 가능하며, 더 큰 힘이 요구되는 경우는 엔진이 모터를 지원하는 하이브리드(HEV) 주행 모드로 전환된다.

표14 현대 아이오닉 2020 G1.6 GDI HEV 작동 모드 및 동력 흐름도

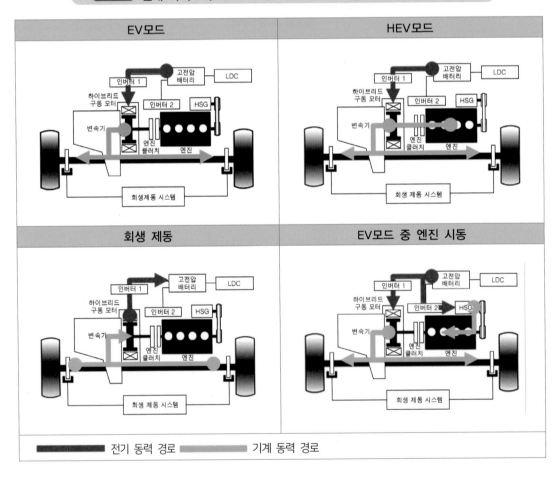

---

17) http://gsw.hyundai.com 현대 아이오닉 2020 G1.6 GDI HEV

전기모터는 차량의 주행뿐만 아니라 고전압 배터리의 충전을 위해 회생 제동 시 전기에너지를 발생시키는 역할을 한다.

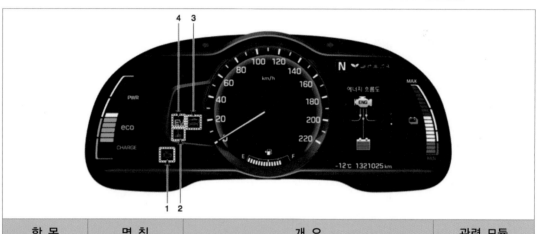

표15 현대 아이오닉 2020 G1.6 GDI HEV 계기판 경고등

항 목	명 칭	개 요	관련 모듈
	1. MIL 램프	◦ 램프 ON : 엔진 제어 시스템(EMS) 오류	ECM, TCM, OPU, HCU, MCU, BMS, AAF
	2. 서비스 램프	◦ 램프 ON : 하이브리드 관련 시스템 오류	HCU, MCU, BMS, LDC, OPU
	3. READY 램프	◦ **점화 스위치 START 후** – 램프 ON : 하이브리드 정상 주행 가능 – 램프 OFF : 하이브리드 정상 주행 불가 ◦ **주행 중** – 램프 ON : 하이브리드 정상 주행 가능 – 램프 점멸 : 시스템 이상으로 인한 제한적 모드로 주행 – 램프 OFF : 하이브리드 정상 주행 불가	HCU
EV	4. EV 모드 램프	◦ 램프 ON : EV 모드 주행 중(전기 모터만 구동) ◦ 램프 OFF : HEV 모드 (엔진 구동)	HCU

(1) HPCU(Hybrid Power Control Unit)

현대 아이오닉 2020 G1.6 GDI HEV의 경우 HPCU(Hybrid Power Control Unit)라는 부품내에 HCU, 인버터(MCU), LDC가 일체로 구성되어 있다.

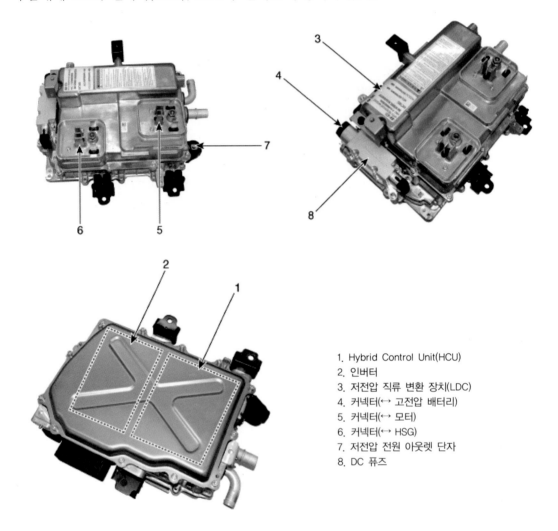

1. Hybrid Control Unit(HCU)
2. 인버터
3. 저전압 직류 변환 장치(LDC)
4. 커넥터(↔ 고전압 배터리)
5. 커넥터(↔ 모터)
6. 커넥터(↔ HSG)
7. 저전압 전원 아웃렛 단자
8. DC 퓨즈

(2) 하이브리드 컨트롤 시스템(HCU)

하이브리드 컨트롤 시스템은 전체 하이브리드 시스템 제어용 컨트롤 모듈인 HCU (Hybrid Control Unit)을 중심으로 엔진(ECU), 변속기(TCM), 고전압 배터리(BMS ECU), 하이브리드 모터(MCU), 저전압 직류 변환 장치(LDC) 등의 각 시스템 컨트롤 모듈과 CAN 통신으로 연결되어 있다. 이 외에도 HCU는 시스템 제어를 위해 브레이크 스위치 등의 신호를 이용한다.

CAN 통신 라인은 하이브리드 CAN 라인과 파워트레인 CAN 라인으로 나뉘어져 있다.

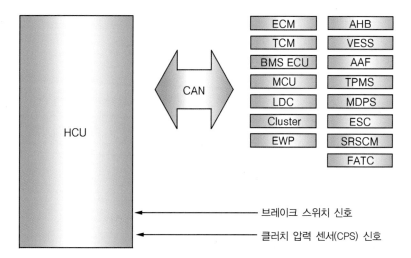

- HCU : 하이브리드 컨트롤 유닛
- ECM : 엔진 컨트롤 모듈
- TCM: DCT 컨트롤 모듈
- BMS ECU : 배터리 제어 시스템 ECU
- MCU : 모터 컨트롤 유닛
- LDC : 저전압 직류 변환 장치
- EWP : 전기식 워터 펌프

- AHB : 액티브 유압 부스터
- VESS : 가상 엔진 사운드 시스템
- AAF : 액티브 에어 플랩
- TPMS : 타이어 공기압 모니터링 시스템
- MDPS : 전자식 파워 스티어링
- ESC : 차체 자세 제어 장치
- SRSCM : 에어백 컨트롤 모듈
- FATC : 풀 오토 에어컨

그림 현대 아이오닉 2020 G1.6 GDI HEV HCU 컨트롤 시스템

HCU는 차량상태, 운전자의 요구, 엔진정보, 고전압 배터리 정보 등을 기초로 하여 엔진과 모터의 파워 및 토크 배분, 회생제동과 페일-세이프(Fail-Safe)를 제어하는 역할을 한다.

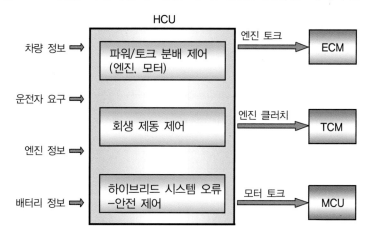

그림 현대 아이오닉 2020 G1.6 GDI HEV HCU 주요 기능 요약

| 표 16 | 현대 아이오닉 2020 G1.6 GDI HEV HCU 주요 기능 |

항 목	기 능
요구 토크 결정	◦ 운전자의 미세 요구 토크 계산 ◦ 운전자의 가속/감속 토크 계산 ◦ 운전자의 총 요구 토크 계산
회생 제동 제어	◦ 회생 제동 요구 토크 제어 ◦ 회생 제동 측정 토크 계
EV/HEV 모드 결정	◦ 엔진 크랭크 조건 결정 ◦ 엔진 목표 작동 상태 결정
배터리 SOC 균형	◦ 전기 파워 제한 ◦ 충방전 파워 결정 ◦ 보조 시스템 파워 제한과 보정
엔진 작동 시점 결정	◦ 공회전 부하에서 엔진 목표 속도 결정 ◦ 부분적 부하에서 엔진 목표 토크 결정 ◦ 최대 부하에서 엔진 목표 토크 결정 ◦ 엔진 정지 또는 수동적 구동 상태에서 엔진 목표 토크 결정
공회전 / 주행 충전 제어	◦ 공회전 충전 제어 ◦ 주행 중 충전 제어
엔진 시동 / 정지 제어	◦ 크랭크 방식 선택 ◦ 엔진 크랭킹 속도 제어 ◦ 연료 분사 제어 ◦ 엔진 정지 제어 ◦ 엔진 Firing Complete Determination
엔진 클러치 맞물림/ 슬립/ 해제 제어	◦ 동기화 맞물림 제어 ◦ Launch Engage Control ◦ 엔진 브레이크 맞물림 제어 ◦ 변속시 맞물림 ◦ 해제 제어
토크 협동 제어	◦ 일시적 상태에서 엔진 토크 요구 ◦ 일시적 상태에서 모터 엔진 토크 요구 ◦ 일시적 상태에서 모터 제너레이터 토크 요구
토크 발생 제어	◦ 토크 증가/감소 결정
쇼크 억제 제어	◦ 포물선형 토크 제한 ◦ 변속 보조 제어 ◦ 엔진 클러치 슬립 제어 ◦ 비틀림 억제 제어
시스템 제한 제어	◦ 배터리 충방전 제한 제어 ◦ 엔진, 하이브리드 구동 모터, HSG 토크 제한 제어
토크 모니터링	◦ 하이브리드 파워트레인 토크 모니터링
페일-세이프	◦ 하이브리드 컨트롤 시스템 페일-세이프 제어
보조 시스템 제어	◦ LDC의 가변 전압 제어 ◦ A/C & 히터 제어 ◦ 브레이크 부스터 제어 ◦ 계기판 표시

(3) 저전압 직류변환장치(LDC : Low DC/DC Converter)

LDC는 하이브리드 파워 컨트롤 유닛(HPCU)에 포함되어 있으며, 고전압 배터리의 전압을 저전압(+12V)로 변환하여 알터네이터와 같이 보조 배터리를 충전하는 역할을 한다. 기존의 자동차에 장착되어 사용되었던 DC 12V 배터리의 경우 하이브리드 전기 자동차에서는 일반 보디 전장이나 각종 제어 ECU의 작동을 위한 보조 배터리로 사용된다. 고전압 배터리 시스템은 12V 보조 배터리와는 완전히 분리되는 독립적인 전원 시스템이다.

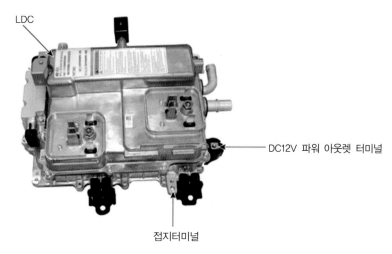

그림 현대 아이오닉 2020 G1.6 GDI HEV LDC

(4) 하이브리드 모터 어셈블리

하이브리드 모터 시스템은 드라이브(구동) 모터와 HSG로 구성된 2개의 전기모터를 장착하고 있다.

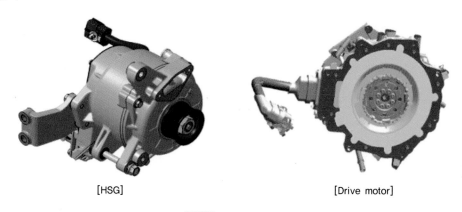

[HSG]   [Drive motor]

그림 HEV 모터

구동 모터는 차량을 이동시키고 운전중 소음과 진동, 소란스러움(NVH)을 낮게 만들어 주고, 연료 효율성을 높여준다. 또한 구동 모터는 전원 출력을 높이기 위해 가속페달을 밟거나 연료 효율 모드에서 엔진이 작동하고자 할 때 엔진을 도와준다. 이에 더하여, 구동모터는 감속시나 고전압 배터리를 충전하기 위해 제동할 때 발전기(제너레이터)의 역할을 한다.

하이브리드 스타터 제너레이터(HSG)는 차량이 운행 중일 때 엔진을 재시동/ 냉시동 및 고전압 배터리 충전 역할을 담당한다. 기존 엔진에서 스타터 모터와 알터네이터(발전기) 역할을 한다.

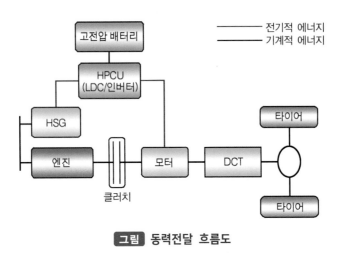

그림 동력전달 흐름도

(5) 하이브리드 모터 컨트롤 시스템

하이브리드 전기자동차는 상위 제어기인 HCU와 전력 변환 장치인 LDC 및 인버터가 하나의 HPCU로 통합되어 엔진 룸 좌측에 위치한다. 인버터는 차량 내 존재하는 2개의 모터(구동모터, HSG)에 고전압 교류 전력을 공급하고 주행상황에 따라 HCU와 통신을 통하여 2개의 모터를 최적으로 제어하는 역할을 한다. 그리고 고전압 배터리의 직류 전력을 모터 작동에 필요한 3상 교류 전력으로 바꾸어 2개의 모터에 공급한다.

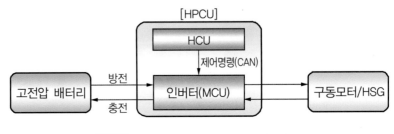

그림 하이브리드 모터 컨트롤 시스템

HCU의 토크지령을 받아 모터의 제어와 감속 및 제동시에 모터는 발전기 역할을 하며 배터리 충전을 위한 에너지 회생(3상 교류를 직류로 변경) 기능한다.

인버터를 제어기 입장에서는 MCU(Motor Control Unit)라고 부르기도 한다.

고용량 파워 모듈은 고전압에 사용되는 2개의 주요 모터에 적용된다.

파워 모듈은 IGBT와 DIODE 회로와 격리된 하이 스피드 스위칭으로 구성되어 있다. 고전압 배터리 용량은 약 270V, 그러나 안정성과 신뢰를 확실히 하기 위해서 파워 모듈은 최대 650V의 전압의 고용량 파워를 사용해야 한다.

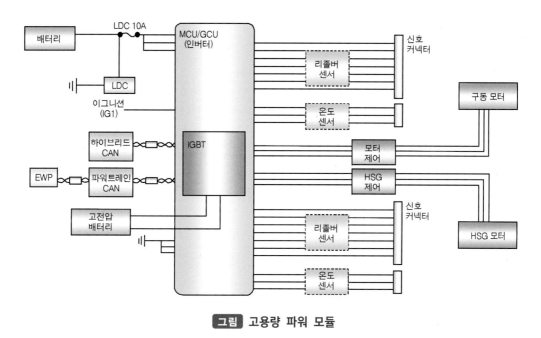

그림 고용량 파워 모듈

(6) 고전압 배터리 컨트롤 시스템

고전압 배터리 컨트롤 시스템은 컨트롤 모듈인 BMS ECU, 파워 릴레이 어셈블리(PRA), 안전 플러그, 배터리 온도 센서, 배터리 외기온도로 구성되어 있으며, 고전압 배터리의 SOC(State Of Charge), 출력, 고장 진단, 배터리 셀 밸런싱(Balancing), 시스템 냉각, 전원 공급 및 차단을 제어한다.

파워 릴레이 어셈블리는 메인 릴레이, 프리 차지 릴레이, 프리 차지 레지스터, 배터리 전류 센서로 구성되어 있으며, 부스바(Busbar)를 통해서 배터리 팩과 연결되어 있다.

기　능	목　적
배터리 충전률(SOC) 제어	◦ 전압/전류/온도 측정을 통해 SOC를 계산하여 적정 SOC 영역으로 제어함
배터리 출력 제어	◦ 시스템 상태에 따른 입/출력 에너지 값을 산출하여 배터리 보호, 가용 파워 예측, 과충전/과방전 방지, 내구 확보 및 충/방전 에너지를 극대화함
파워 릴레이 제어	◦ IG ON/OFF 시, 고전압 배터리와 관련 시스템으로의 전원 공급 및 차단 ◦ 고전압 시스템 고장으로 인한 안전 사고 방지
냉각 제어	◦ 쿨링 팬 제어를 통한 최적의 배터리 동작 온도 유지(배터리 최대 온도 및 모듈 간 온도 편차 량에 따라 팬 속도를 가변 제어함)
고장 진단	◦ 시스템 고장 진단, 데이터 모니터링 및 소프트웨어 관리 ◦ 페일-세이프(Fail-Safe) 레벨을 분류하여 출력 제한치 규정 ◦ 릴레이 제어를 통하여 관련 시스템 제어 이상 및 열화에 의한 배터리 관련 안전 사고 방지

표17 현대 아이오닉 2020 G1.6 GDI HEV 고전압 배터리 컨트롤 시스템

※ SOC(State Of Charge, 배터리 충전률) : 배터리의 사용 가능한 에너지 [(방전 가능한 전류량 / 배터리 정격 용량) x 100%]

(7) 하이브리드 모터 쿨링 시스템

HPCU에는 여러 가지 반도체 장치가 사용된다. 따라서 작동할 때 피할 수 없는 열이 발생한다. 이들 장치들은 고전압과 바로 연결되어 있기 때문에 엔진보다 열이 더 높다. 과열은 제어 장치의 효율을 낮추고 올바른 작동제어를 제한하며, 게다가 반도체가 과도한 열 속에 녹을 수도 있다.(장치가 항상 ON 상태) 따라서 과도한 열은 시스템 정지의 원인이 된다.

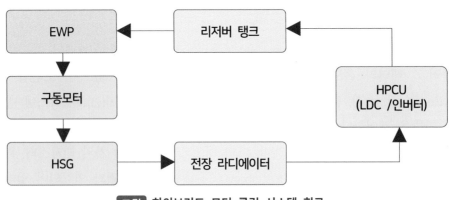

그림 하이브리드 모터 쿨링 시스템 회로

(1) AHB 개요

① 개요

AHB시스템은 운전자의 요구 제동량을 BPS(Brake Pedal Sensor)로부터 값을 입력받아 연산하여 이를 유압제동량과 회생 제동 요청량으로 분배한다. 회생제동브레이크 시스템을 말한다.

② 회생 제동 시스템(Regeneration Brake System)

회생제동이란 차량의 감속, 제동 시 발생되는 운동에너지를 전기에너지로 변화시켜 배터리에 충전하는 것이다. 회생 제동량은 차량의 속도, 배터리의 충전량 등에 의해서 결정된다. 가속 및 감속이 반복되는 시가지 주행 시 큰 연비 향상 효과가 가능하다.

③ 회생 제동 협조 제어

제동력 배분은 유압 제동을 제어함으로써 배분되고, 전체 제동력(유압+회생)은 운전자가 요구하는 제동력이 된다. 고장 등의 이유로 회생 제동이 되지 않으면, 운전자가 요구하는 전체 제동력은 유압 브레이크 시스템에 의해 공급된다.

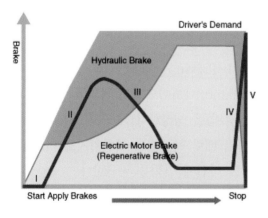

	Driver's Demand=Friction Brake+Electric Brake	
Ⅰ	Electric Brake	Driver's Demand =Electric Brake
Ⅱ	Blended Brake	Pressure Increase
Ⅲ		Pressure Decrease
Ⅳ		Fast Pressure Increase
Ⅴ	Friction Brake	Driver's Demand=Friction Brake

그림 제동력 배분

---

18) http://gsw.hyundai.com 현대 아이오닉 2020 G1.6 GDI HEV

(2) 시스템 구성도

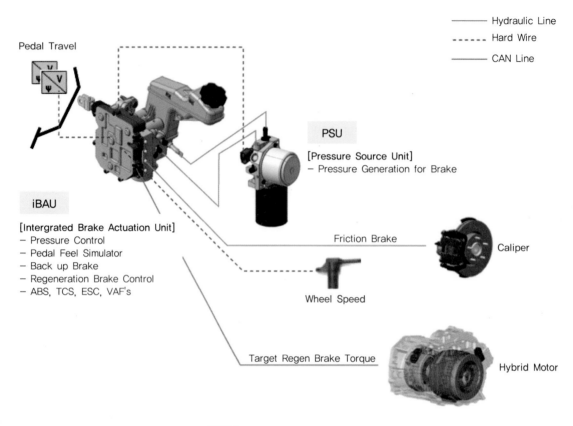

Hydraulic Line
Hard Wire
CAN Line

Pedal Travel

PSU

[Pressure Source Unit]
– Pressure Generation for Brake

iBAU

[Intergrated Brake Actuation Unit]
– Pressure Control
– Pedal Feel Simulator
– Back up Brake
– Regeneration Brake Control
– ABS, TCS, ESC, VAF's

Friction Brake

Caliper

Wheel Speed

Target Regen Brake Torque

Hybrid Motor

그림 AHB 시스템 구성도

시스템의 구성 품목으로 크게 고압 소스 유닛(PSU-Pressure Source Unit), 통합 브레이크 액추에이션 유닛(IBAU-Intergrated Brake Actuation Unit)으로 구성되어 있다.

첫번째로 **고압 소스 유닛**(PSU)은 제동에 필요한 유압을 생성한다. 진공 부스터 사양에서 운전자가 브레이크 페달을 밟았을 때 진공에 의하여 배력되는 것과 마찬가지로 마스터 실린더에 증압된 유압을 공급함으로서 전체 브레이크 라인에 압력을 공급한다.

두번째로 **통합 브레이크 액추에이션 유닛**(IBAU)은 고압 소스 유닛(PSU)에서 발생된 압력을 바퀴의 캘리퍼에 전달한다. 또한 브레이크 페달과 연결되어 운전자의 제동 요구량 및 제동 느낌을 생성하며 기존 VDC의 기능인 ABS, TCS, ESC 등을 수행한다.

제동력은 페달 스트로크 센서에서 측정된 운전자의 제동 의지를 IBAU가 연산하여 결정한다.

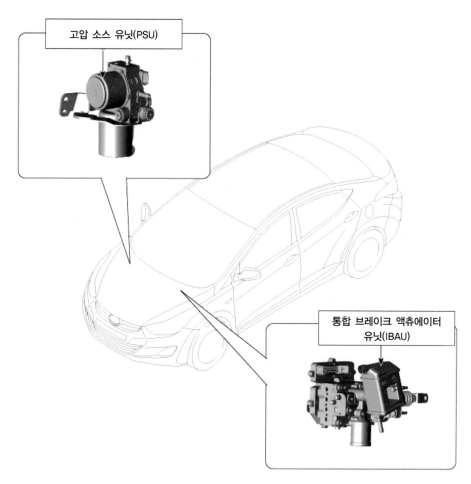

그림 현대 아이오닉 2020 G1.6 HEV AHB 구성부품 및 위치

6 전동식 에어컨 컴프레서 구조 및 기능[19)]

전동식 에어컨 컴프레서는 연비를 향상시키고 엔진 정지 시에도 에어컨을 작동시킬 수 있도록 한다. 현대 아이오닉 2020 G1.6 GDI HEV의 경우 DC 240V 전압을 공급받아 에어컨 컴프레서에 인버터를 통해서 BLDC 모터를 구동시킨다.

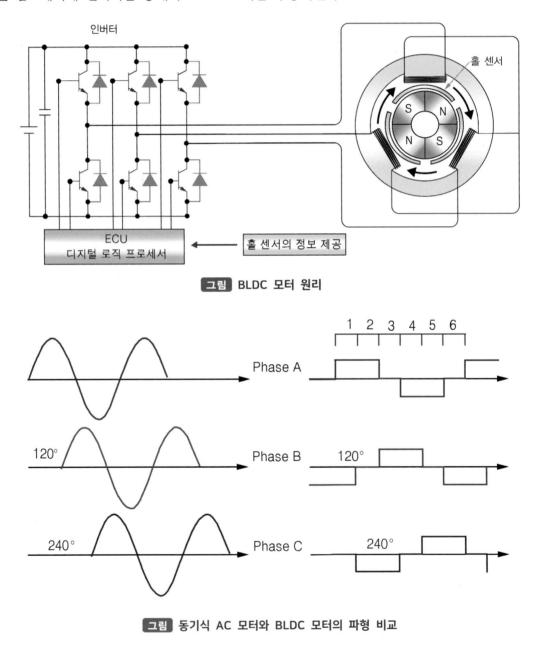

그림 BLDC 모터 원리

그림 동기식 AC 모터와 BLDC 모터의 파형 비교

---

19) http://gsw.hyundai.com 현대 아이오닉 2020 G1.6 GDI HEV

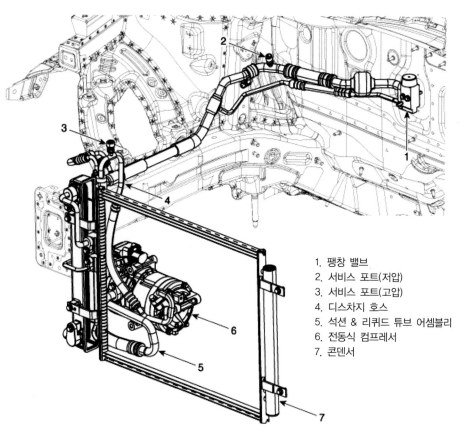

1. 팽창 밸브
2. 서비스 포트(저압)
3. 서비스 포트(고압)
4. 디스차지 호스
5. 석션 & 리퀴드 튜브 어셈블리
6. 전동식 컴프레서
7. 콘덴서

그림 현대 아이오닉 2020 G1.6 GDI HEV 에어컨 시스템

표18 현대 아이오닉 2020 G1.6 GDI HEV 전동식 에어컨 컴프레서 제원

형식	HES20(전동 스크롤식)
제어 방식	CAN 통신
윤활유 타입 및 용량	POE Oil 130 ± 10 cc
모터 타입	BLDC
정격 전압	240V
작동 전압 범위	160 ~ 275V

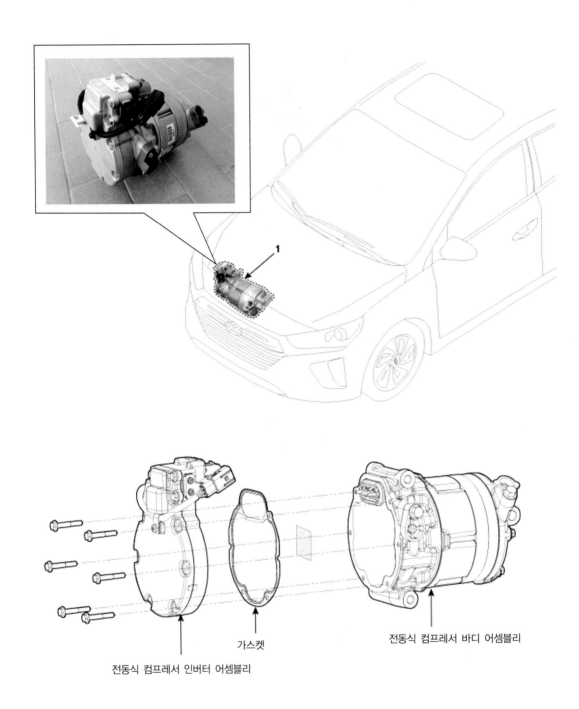

전동식 컴프레서 바디 어셈블리

가스켓

전동식 컴프레서 인버터 어셈블리

그림 현대 아이오닉 2020 G1.6 GDI HEV 전동식 에어컨 컴프레서 구성부품

그림 현대 아이오닉 2020 G1.6 GDI HEV 전동식 에어컨 컴프레서 분해

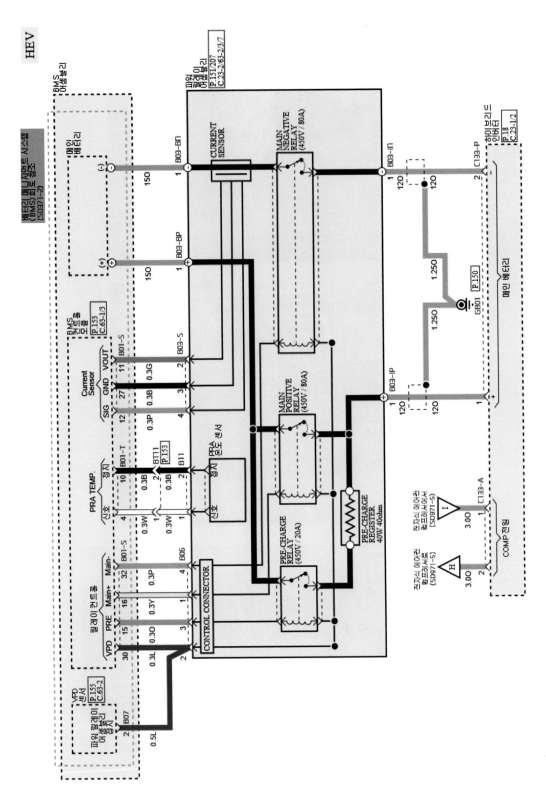

그림 현대 아이오닉 2020 G1.6 GDI HEV 전동식 에어컨 컴프레서 회로도(1)

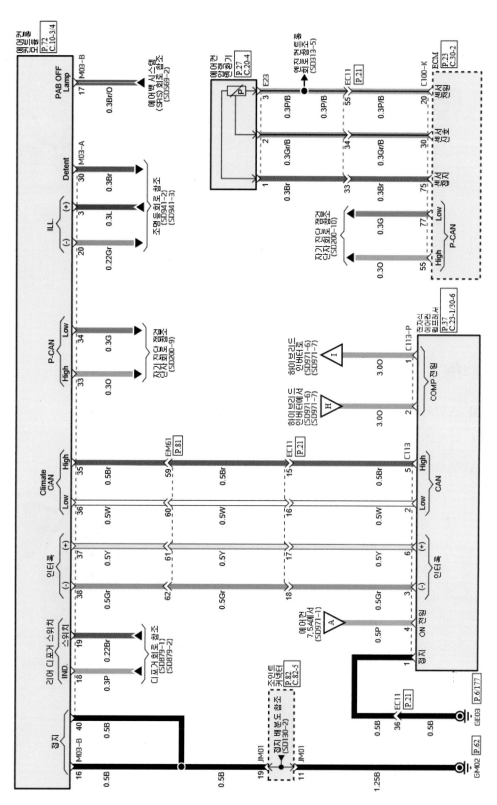

그림 현대 아이오닉 2020 G1.6 GDI HEV 전동식 에어컨 컴프레서 회로도(2)

HEV 차량 분해 실무 정비작업
(현대 아이오닉)

1 보조 배터리 및 고전압 차단 실무 작업[20]

(1) 현대자동차 아이오닉 HEV

① 점화 스위치를 OFF위치(스마트키는 차량 밖으로 5m이상 이격 권장)

보조 배터리(12V)의 (−)케이블을 분리한다.

(12V 납산배터리 분리형 : 리어 트렁크 룸 우측)

참고 현대 아이오
닉의 경우 2017.9.15.
이후 모델부터는 12V
리튬폴리머배터리로
변경되어 고전압 배터
리 팩 내부에 장착되어
있다.

---

20) 현대자동차, https://gsw.hyundai.com/ 아이오닉 2020년식 G1.6GDI HEV

고전압 배터리 팩 내 12V 리튬배터리 내장형의 경우는 리어시트 쿠션과 좌측 리어도어 스카프 트림을 탈거하고 배터리(-)케이블 커버 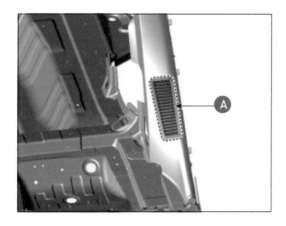를 탈거하면 배터리(-)케이블 커넥터 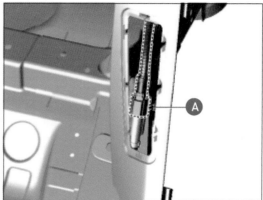를 분리할 수 있다.

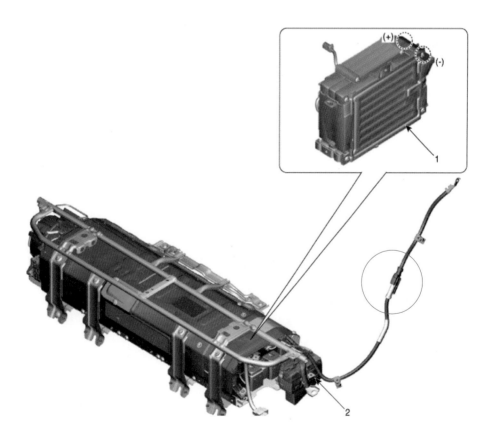

그림 현대 자동차 HEV 내장형 12V 리튬폴리머 보조배터리

표19 현대 자동차 xEV 보조배터리		
모델	보조배터리 형식	위치
아이오닉 HEV(~2017.9.14.)	납산배터리	트렁크 러기지 우측 사이드
아이오닉 HEV(2017.9.15.~)	리튬폴리머배터리	고전압 배터리 팩 내장
아이오닉 PHEV	납산배터리	트렁크 러기지 우측 사이드
아이오닉 EV	납산배터리	모터룸
아이오닉 5 EV	납산배터리	모터룸
코나 HEV	리튬폴리머배터리	고전압 배터리 팩 내장
코나 EV	납산배터리	모터룸
아반떼 CN7 HEV	리튬폴리머배터리	고전압 배터리 팩 내장
YF쏘나타 HEV	납산배터리	트렁크 러기지 우측 사이드
LF쏘나타 HEV	납산배터리	트렁크 러기지 우측 사이드
LF쏘나타 PHEV	납산배터리	트렁크 러기지 우측 사이드
쏘나타 DN8 HEV	리튬폴리머배터리	고전압 배터리 팩 내장
그랜저HG HEV	납산배터리	트렁크 러기지 우측 사이드
그랜저IG HEV	납산배터리	트렁크 러기지 우측 사이드

② 안전 플러그 커버를 탈거하고, 잠금 후크를 들어 올린 후, 화살표 방향으로 레버를 잡아 당겨 안전 플러그를 탈거한다.

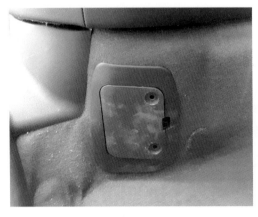 

(2) 현대자동차 신형 HEV 차종

① 현대자동차 코나 HEV의 경우

ⓐ 점화 스위치를 OFF하고, 엔진룸의 보조 배터리(12V)의 (+) 커넥터 Ⓐ를 분리한 후 서비스 인터록 커넥터 Ⓑ를 분리(메인릴레이가 차단됨)한다.

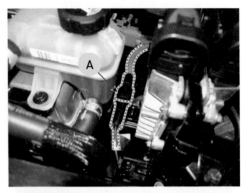

- 서비스 인터록 커넥터 분리 후 인버터 내에 있는 커패시터의 방전을 위하여 반드시 3분 이상 대기한다.
- 서비스 인터록 커넥터를 분리할 수 없다면 서비스 인터록 커넥터 배선을 절단한다.

ⓑ 안전 플러그 커버 Ⓐ를 탈거하고, 안전플러그를 탈거한다.

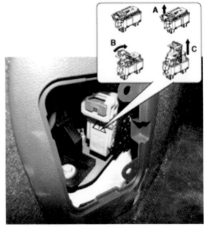

② 현대자동차 아반떼 CN7 HEV의 경우

점화 스위치를 OFF하고, 엔진룸의 보조 배터리(12V)의 (+) 커넥터 Ⓐ를 분리한 후 서비스 인터록 커넥터 Ⓑ를 분리(메인릴레이가 차단됨)한다.

- 서비스 인터록 커넥터 분리 후 인버터 내에 있는 커패시터의 방전을 위하여 반드시 3분 이상 대기한다.
- 서비스 인터록 커넥터를 분리할 수 없다면 서비스 인터록 커넥터 배선을 절단한다. 기존의 안전 플러그는 없다.

③ 현대자동차 쏘나타 DN8 HEV의 경우

점화 스위치를 OFF하고, 엔진룸의 보조 배터리(12V)의 (+) 커넥터 Ⓐ를 분리한 후 서비스 인터록 커넥터 Ⓑ를 분리(메인릴레이가 차단됨)한다.

- 서비스 인터록 커넥터 분리 후 인버터 내에 있는 커패시터의 방전을 위하여 반드시 3분 이상 대기한다.
- 서비스 인터록 커넥터를 분리할 수 없다면 서비스 인터록 커넥터 배선을 절단한다. 기존의 안전 플러그는 없다.

제조사	모델	위치	사 진
현대	아이오닉 HEV (~2017.9.14.)	리어시트 우측 하단	
	아이오닉 HEV (2017.9.15.~)	리어시트 우측 하단	
	아이오닉 PHEV	트렁크 러기지 보드 아래	
	아이오닉 EV	트렁크 러기지 보드 아래	

표20 현대자동차 xEV 고전압 안전 플러그(1)

제조사	모델	위치	사진
현대	아이오닉 5 EV	모터룸 퓨즈박스 내 서비스 인터록 커넥터	
	코나 HEV	리어시트 우측 하단	◦서비스 인터록 커넥터 설치
	코나 EV	리어시트 밑 하단	◦서비스 인터록 커넥터 설치
	YF쏘나타 HEV	트렁크 러기지 고전압 배터리 패널	
	LF쏘나타 HEV	트렁크 러기지 보드 아래	

제조사	모델	위치	사진
현대	LF쏘나타 PHEV	트렁크 러기지 보드 아래	
	LF쏘나타 PHEV	트렁크 러기지 보드 아래	
	그랜져HG HEV	트렁크 러기지 고전압 배터리 패널	
	그랜져IG HEV	트렁크 러기지 보드 아래	
	아반떼 CN7 HEV	안전플러그 없음	◦서비스 인터록 커넥터 설치
	쏘나타 DN8 HEV	안전플러그 없음	◦서비스 인터록 커넥터 설치

2 **인버터 내 커패시터 전압 측정 작업[21]**

> ※ HPCU 관련 분해 작업시 반드시 인버터 커패시터 방전 확인할 것!

① 에어 클리너 어셈블리와 덕트를 탈거한다.

② HPCU로부터 인버터 파워 케이블 Ⓐ을 분리한 다.
반드시 고전압 안전보호 장비를 착용하고 작업해야 한다.

---

21) http://gsw.hyundai.com 현대 아이오닉 2020 G1.6 GDI HEV

인버터 파워 케이블은 아래와 같은 절차로 분리한다.

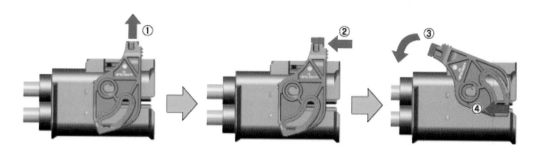

③ 인버터 커패시터 방전 확인을 위하여 인버터 단자간 전압을 측정한다.
인버터의 (+) 단자와 (-) 단자 사이의 전압 값을 측정한다.
  - 30V이하 : 고전압회로 정상차단
  - 30V이상 : 고전압 회로 이상
  - DTC 고장진단 점검 실시

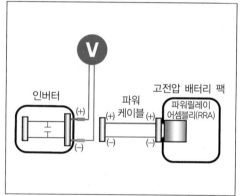

> ※ 차체 및 고전압 배터리 몸체를 작업장 접지선에 접지작업을 반드시 할 것!

① 보조 배터리 및 고전압 차단 작업
② 인버터 파워케이블 분리 후 커패시터 방전 확인(30V 이하)
③ 트렁크 트림 제거(카고 스크린, 리어 트랜스버스 트림, 우측 러기지 사이드 트림 등)

---

22) 현대자동차, https://gsw.hyundai.com/ 아이오닉 2016년식 G1.6GDI HEV

④ 리어 시트 쿠션 탈거 및 리어 시트 백 어셈블리 폴딩 후 탈거

⑤ 리어 시트 백 어셈블리 폴딩 후 탈거

⑥ 좌측 리어도어 바디 사이드 웨더스트립 및 리어도어 스카프 트림 탈거 후 쿨링 인렛
　덕트 탈거

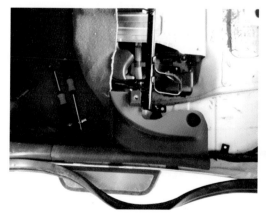 

⑦ 고전압 배터리 팩 상부 프레임 탈거

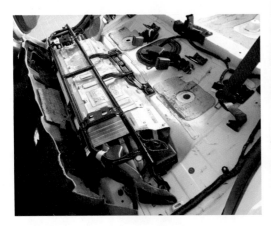

⑧ 인버터 파워 커넥터(A, B), 배터리 전류센서 커넥터(C), PRA커넥터(D), BMS커넥터(E), 12V+ 전원 조인트 케이블(F) 분리

⑨ 고전압 배터리 팩을 차체에서 안전하게 분리

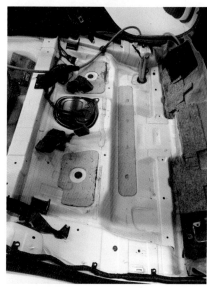

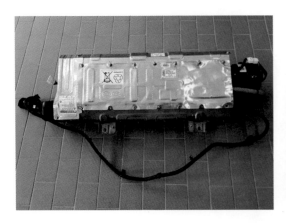 

4 HPCU 탈거 및 분해 정비작업 23)

(1) HPCU 탈거

① 보조 배터리 및 고전압 차단 작업

② 인버터 파워케이블 분리 후 커패시터 방전 확인(30V이하)

③ ECU & TCM 탈거 및 엔진룸 정션블록 플러스 케이블 Ⓐ 고정핀 분리

---

23) http://gsw.hyundai.com 현대 아이오닉 2020 G1.6 GDI HEV

④ HEV 모터 냉각 시스템의 냉각수 제거하고 HPCU 상단의 리저버 탈거

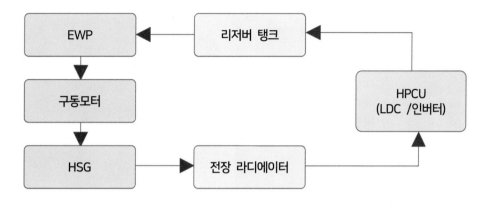

그림 HEV 전장 냉각시스템 순환도

1. HPCU(Hybrid Power Control Unit)
   (LDC+MCU+HCU+리저버)
2. 하이브리드 구동 모터
3. 하이브리드 스타터 제너레이터(HSG)
4. 전장 라디에이터
5. 전동식 워터 펌프(EWP)

그림 현대 아이오닉 HEV 엔진룸 구성부품

A. 리저버 캡 열고 언더커버를 탈거

B. 인버터 라디에이터 드레인 플러그 풀고 냉각수 배출

⑤ 리저버 탱크 및 HPCU 프로텍터 탈거

⑥ 모터 파워 케이블 커넥터와 HSG 파워 케이블 커넥터를 분리

⑦ HPCU에서 파워케이블과 인버터 파워 케이블 분리

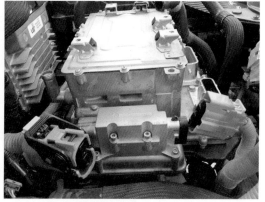

⑧ 냉각수 아웃렛 호스 분리 및 HCU & MCU 통합 커넥터 분리

⑨ LDC 파워 아웃렛 케이블 Ⓐ과 접지 케이블 Ⓑ 분리 후 차량에서 HPCU 탈거

- 현대 아이오닉 HEV G1.6 2017.9.14. 이전 HPCU

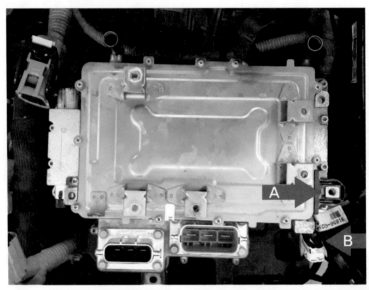

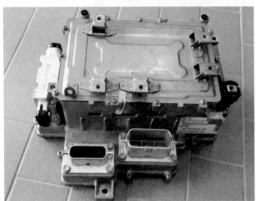

- 현대 아이오닉 HEV G1.6 2017.9.15. 이후 HPCU

(2) HPCU 분해 [24]

하이브리드 전기자동차는 상위 제어기인 HCU와 전력 변환 장치인 LDC 및 인버터가 하나의 HPCU로 통합되어 엔진 룸 좌측에 위치한다.

인버터는 차량 내 존재하는 2개의 모터(구동모터, HSG)에 고전압 교류 전력을 공급하고 주행상황에 따라 HCU와 통신을 통하여 2개의 모터를 최적으로 제어하는 역할을 한다. 그리고 고전압 배터리의 직류 전력을 모터 작동에 필요한 3상 교류 전력으로 바꾸어 2개의 모터에 공급한다.

HCU의 토크지령을 받아 모터의 제어와 감속 및 제동시에 모터는 발전기 역할을 하며 배터리 충전을 위한 에너지 회생(3상 교류를 직류로 변경) 기능한다. 인버터를 제어기 입장에서는 MCU(Motor Control Unit)라고 부르기도 한다.

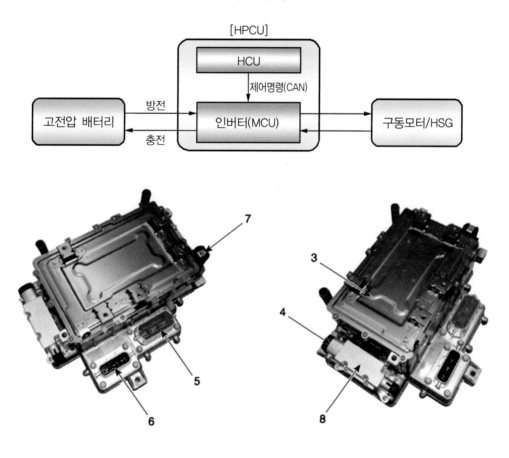

---

24) http://gsw.hyundai.com 현대 아이오닉 2020 G1.6 GDI HEV

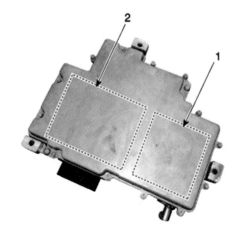

1. Hybrid Control Unit(HCU)
2. 인버터
3. 저전압 직류 변환 장치(LDC)
4. 커넥터(↔고전압 배터리)
5. 커넥터(↔모터)
6. 커넥터(↔HSG)
7. 저전압 전원 아웃렛 단자
8. DC퓨즈

1. DC퓨즈
2. 인버터 커넥터
   [↔ 고전압 배터리측 파워 릴레이 어셈블리(PRA)]
3. 인버터 커넥터
   [↔ 전동식 에어컨 컴프레서]

1. 저전압 직류 변환 장치
   (LDC; Low DC/DC converter)
2. 파워 아웃렛 터미널(DC 12V)
3. 접지 터미널

• **인버터**(MCU)

- 인버터는 구동모터와 HSG에 교류전력을 제공한다.

- 운전 상황에 따라 통합보드(제어보드)구동 모터와 HSG는 발전기 역할을 할 수도 있
  다.

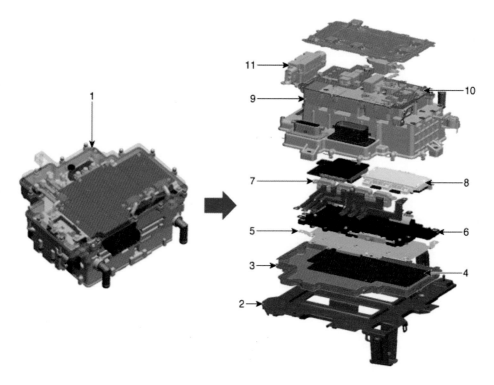

1. HPCU(Hybrid Power Control Unit)
2. HPCU 트레이
3. HPCU 커버
4. 통합보드(MCU/HCU/LDC)
5. 차폐판
6. 커패시터

7. 전류센서 모듈
8. 게이트 보드 + 파워 모듈
9. 방열판(수냉식)
10. LDC(Low voltage DC-DC Converter)
11. 고전압 정션 박스

- **통합보드(제어보드)**
- 하나의 CPU는 2개의 모터를 제어한다. (구동모터와 HSG)
- 각 센서(위치, 전류, 온도)류로 부터의 정보를 CPU에 전달하며 CPU로부터 생성된 PWM을 게이트보드에 전달한다.
- **커패시터** : 커패시터는 평활용 에너지 저장 장치다.
- **전류 센서** : 전류 센서는 모터에 흐르는 전류의 크기를 측정하는 센서이며, 3상 부 스바의 각 상에 부착되어 있다.
- **파워 모듈** : 파워 모듈은 직류전력을 교류전력으로 변환시키기 위한 6개의 스위치를 포함하고 있다.
- **방열판** : 방열판은 냉각수와 접촉하여 열을 방산시키는 기구로 파워모듈과 냉각 유 로 사이에 접해 있다.

- 고용량 파워 모듈은 고전압에 사용되는 2개의 주요 모터에 적용된다.
- 파워 모듈은 IGBT와 DIODE 회로와 격리된 하이 스피드 스위칭으로 구성되어 있다.
- 고전압 배터리 용량은 약 270V, 그러나 안정성과 신뢰를 확실히 하기 위해서 파워 모듈은 최대 650V의 전압의 고용량 파워를 사용해야 한다.

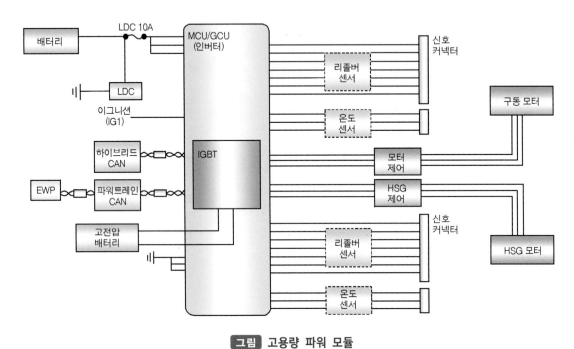

그림 고용량 파워 모듈

① HPCU를 차량에서 분리한다. [참조 P.168]
- HPCU 내부는 2개의 인버터, LDC, HCU로 구성된 통합형 전원 변환 유닛으로 분해하지 않는다.
- 현대 아이오닉 HEV G1.6 2017.9.15. 이후 HPCU

② HPCU 상부 커버를 탈거한다.

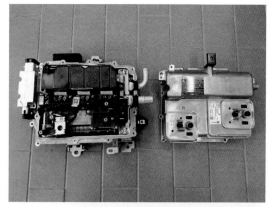

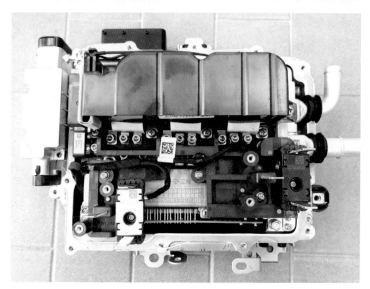

③ DC 퓨즈 어셈블리를 탈거한다.

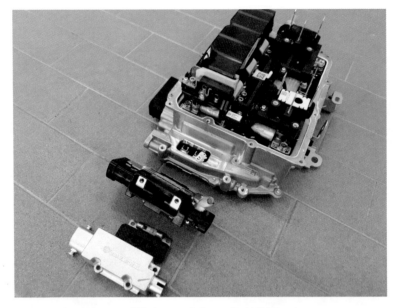

DC퓨즈 저항값 : 규정값 : 1Ω 이하(20℃)

④ HPCU 하부 커버를 탈거한다.

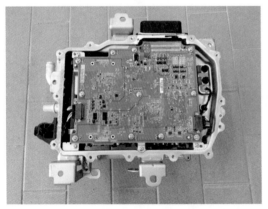 

⑤ 조립은 분해의 역순이다.

(1) 안전플러그 메인퓨즈 점검

안전 플러그는 고전압 배터리의 뒤쪽에 위치하고 있으며, 하이브리드 시스템의 정비 시, 고전압 배터리 회로 연결을 기계적으로 차단하는 역할을 한다. 고전압계 부품으로는 고전압 배터리, 파워 릴레이 어셈블리, HPCU, BMS ECU, 하이브리드 구동 모터, 인버터, HSG, LDC, 파워 케이블, 전동식 컴프레서 등이 있다. 그리고 안전 플러그 내부에는 과전류로부터 고전압 시스템 관련부품을 보호하기 위해서 고전압 메인 퓨즈(400V-125A)가 장착되어 있다.

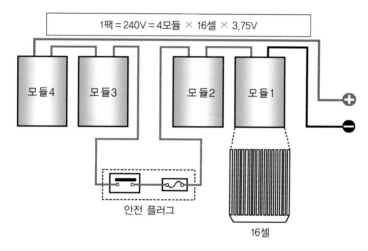

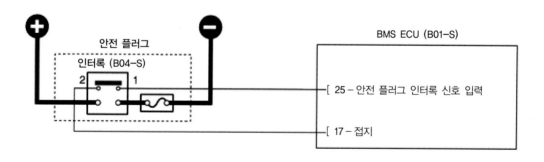

---

25) http://gsw.hyundai.com 현대 아이오닉 2020 G1.6 GDI HEV

1. 안전 플러그 레버 Ⓐ를 탈거한다.

2. 안전 플러그 커버 Ⓑ를 탈거한 후, 메인 퓨즈 Ⓒ를 탈거한다.

3. 메인 퓨즈 양 끝단 사이의 저항을 측정한다.

규정값 : 1Ω 이하(20℃)

측정된 저항값이 규정값을 벗어나면 메인 퓨즈를 교체한다.

(2) PRA 메인릴레이 점검

메인 릴레이는 파워 릴레이 어셈블리 통합형이며, 고전압 (+)라인을 제어해주는 연결된 메인릴레이와 고전압 (-)라인을 제어해주는 메인 릴레이, 이렇게 2개의 메인 릴레이로 구성되어 있다.

그리고 BMS ECU 제어 신호에 의해 고전압 조인트 박스와 고전압 배터리팩 간의 고전압 전원, 고전압 접지라인을 연결시켜주는 역할을 한다.

IG START

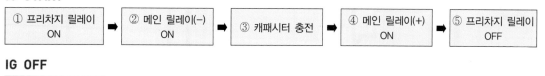

① 프리차지 릴레이
ON
→ ② 메인 릴레이(−)
ON
→ ③ 캐패시터 충전
→ ④ 메인 릴레이(+)
ON
→ ⑤ 프리차지 릴레이
OFF

IG OFF

① 메인 릴레이(+)(−)
OFF

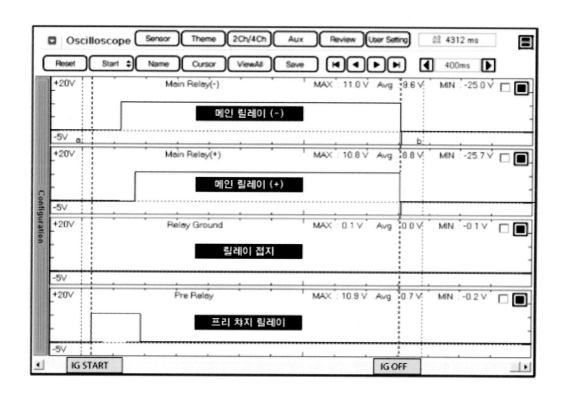

항 목		제 원
스위치부 접촉시	정격 전압(V)	450
	정격 전류(A)	80
코일부	작동 전압(V)	12
	코일 저항(Ω)	20.0 ~ 40.0 (20℃)

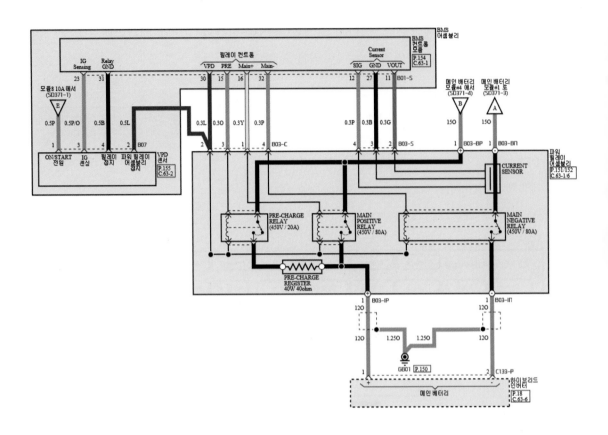

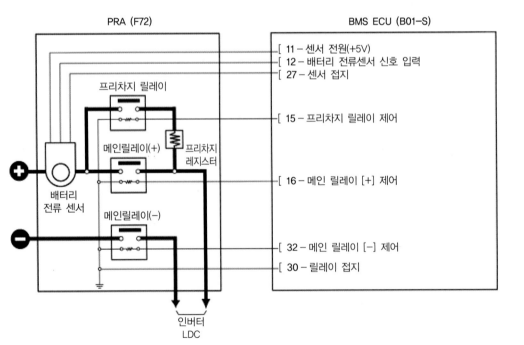

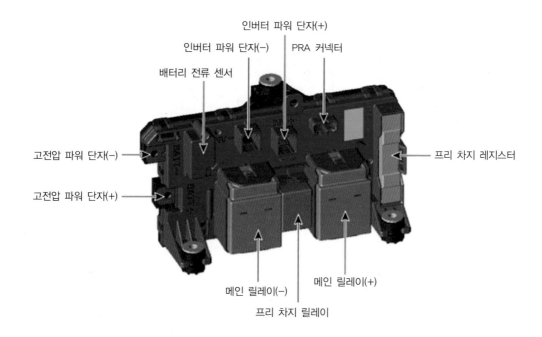

인버터 파워 단자(+)

인버터 파워 단자(-)　　PRA 커넥터

배터리 전류 센서

고전압 파워 단자(-)

고전압 파워 단자(+)

프리 차지 레지스터

메인 릴레이(-)　　메인 릴레이(+)

프리 차지 릴레이

1. 고전압 배터리 시스템 탈거 정비작업 [참조 P.164]

2. 인버터 파워케이블(+), (-)케이블 탈거

3. 메인릴레이 융착 점검 : 규정값 ∞Ω (20℃)

- +메인릴레이 : PRA의 인버터 파워단자부(+)와 고전압 파워단자(+)간의 저항점검
- -메인릴레이 : PRA의 인버터 파워단자부(-)와 고전압 파워단자(-)간의 저항점검

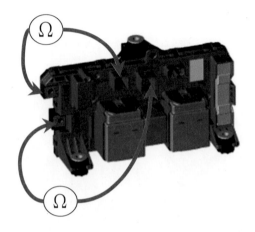

4. (+)메인릴레이와 (-)메인릴레이를 PRA에서 분리하여 단품점검

규정값 : 코일부 20 ~ 40 Ω (20℃), 스위치부 ∞ Ω

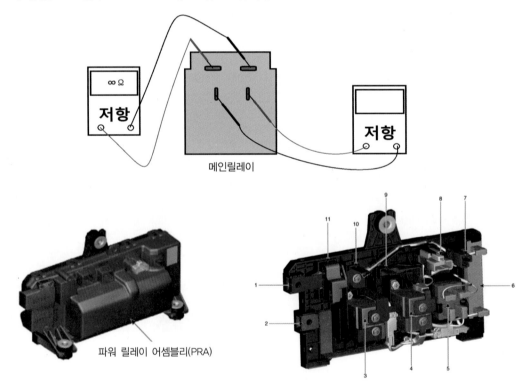

메인릴레이

파워 릴레이 어셈블리(PRA)

1. 고전압 파워 단자(−)
2. 고전압 파워 단자(+)
3. 메인 릴레이(−)
4. 메인 릴레이(+)

5. 프리차지 릴레이
6. 프리차지 레지스터
7. PRA버스바 온도 센서 커넥터
8. PRA커넥터

9. 인버터 파워 단자(+)
10. 인버터 파워 단자(−)
11. 배터리 전류 센서

그림 현대 아이오닉 2020 G1.6 GDI HEV PRA

(3) PRA 프리차저 릴레이 점검

프리차저 릴레이는 파워 릴레이 어셈블리에 장착되어 있으며, 인버터의 커패시터를 초기 충전할 때 고전압 배터리와 고전압 회로를 연결하는 기능을 한다. IG ON을 하면 프리차저 릴레이와 레지스터를 통해 흐른 전류가 인버터 내에 캐패시터에 충전이 되고, 충전이 완료 되면 프리차저 릴레이는 OFF 된다.

항 목		제 원
스위치부 접촉시	정격 전압(V)	450
	정격 전류(A)	20
코일부	작동 전압(V)	12
	코일 저항(Ω)	40 ~ 110 (20℃)

1. 고전압 배터리 시스템 탈거 정비작업 [참조 P.164]

2. 인버터 파워케이블(+), (-)케이블 탈거

3. 프리차저 릴레이 융착점검 : 규정값 ∞Ω(20℃)
   - PRA의 인버터 파워단자부(+)와 고전압 파워단자(+)간의 저항점검

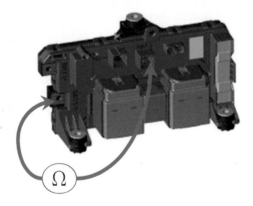

4. 프리차저 릴레이를 PRA에서 분리하여 단품점검
   규정값 : 코일부 20~40Ω (20℃),   스위치부 ∞Ω

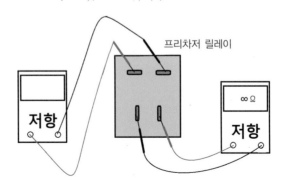

(4) 프리차저 레지스터 점검

프리차저 레지스터(Pre-Charge Resistor)는 파워 릴레이 어셈블리에 장착되어 있으며, 인버터의 커패시터를 초기 충전할 때 충전 전류를 제한하여 고전압 회로를 보호하는 기능을 한다.

항 목	제 원
저항(Ω)	40 (20℃)
정격전류(A)	40

프리차저 레지스터를 PRA에서 분리하여 단품점검 : 40Ω(20℃)

(5) 배터리 전류 센서 점검

배터리 전류 센서는 파워 릴레이 어셈블리 통합형으로 장착되어 있으며, 고전압 배터리의 충방전 시 전류를 측정하는 센서이다.

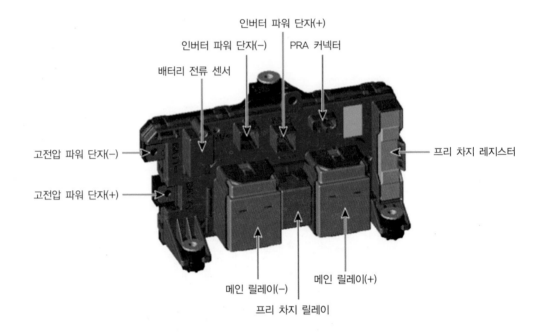

항목		출력전압(V)
전류(A)	−300A(충전)	0.5V
	0	2.5V
	+300A(방전)	4.5V

(6) 배터리 온도센서 점검

배터리 온도 센서는 고전압 배터리 팩 어셈블리에 장착되어 있으며, 배터리 모듈 1, 4와 에어 인렛의 온도를 측정한다. 배터리 온도 센서는 각 모듈의 전압 센싱 와이어링과 통합형으로 구성되어 있다.

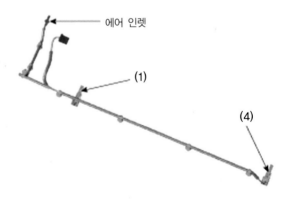

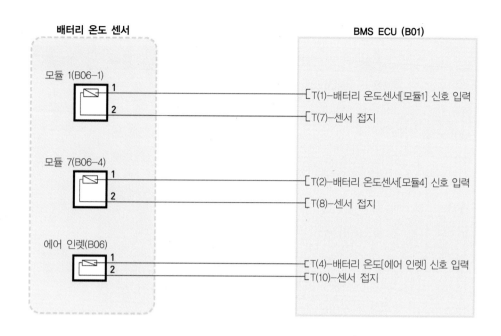

배터리 온도 센서

모듈 1(B06-1)

1
2

BMS ECU (B01)

[T(1)-배터리 온도센서[모듈1] 신호 입력

[T(7)-센서 접지

모듈 7(B06-4)

1
2

[T(2)-배터리 온도센서[모듈4] 신호 입력

[T(8)-센서 접지

에어 인렛(B06)

1
2

[T(4)-배터리 온도[에어 인렛] 신호 입력

[T(10)-센서 접지

표 21 1번, 4번 셀측 배터리 온도센서

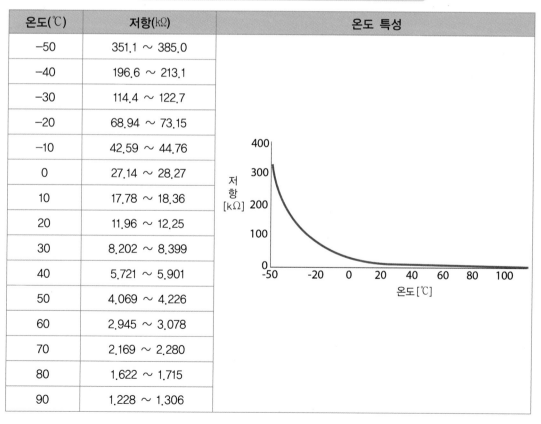

온도(℃)	저항(kΩ)	온도 특성
-50	351.1 ~ 385.0	
-40	196.6 ~ 213.1	
-30	114.4 ~ 122.7	
-20	68.94 ~ 73.15	
-10	42.59 ~ 44.76	
0	27.14 ~ 28.27	
10	17.78 ~ 18.36	
20	11.96 ~ 12.25	
30	8.202 ~ 8.399	
40	5.721 ~ 5.901	
50	4.069 ~ 4.226	
60	2.945 ~ 3.078	
70	2.169 ~ 2.280	
80	1.622 ~ 1.715	
90	1.228 ~ 1.306	

표 22 에어 인렛측 배터리 온도센서

온도(℃)	저항(kΩ)	온도 특성
-50	314.9 ~ 344.6	
-40	181.1 ~ 196.0	
-30	107.5 ~ 115.2	
-20	65.82 ~ 69.77	
-10	41.43 ~ 43.52	
0	26.74 ~ 27.83	
10	17.67 ~ 18.25	
20	11.94 ~ 12.24	
30	8.214 ~ 8.411	
40	5.738 ~ 5.918	
50	4.082 ~ 4.239	
60	2.954 ~ 3.087	
70	2.172 ~ 2.284	
80	1.621 ~ 1.715	
90	1.227 ~ 1.305	
100	0.941 ~ 1.006	
110	0.731 ~ 0.785	

(7) 고전압 배터리 쿨링 시스템 점검

쿨링 팬은 메인 커넥터, 쿨링 팬 릴레이, BLDC 모터로 구성되어 있으며 고전압 배터리의 냉각 상태에 따라 BMS ECU의 PWM 신호에 의해 BLDC 모터를 9단으로 속도 제어를 한다.

듀티(%)	팬 스피드(rpm)
10	500
20	1,000
30	1,300
40	1,600
50	1,900
60	2,200
70	2,500
80	2,800
90(최대)	3,100
95(최대)	3,850

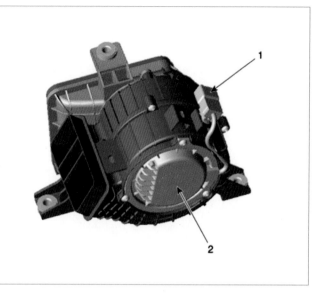

(8) DC 퓨즈 점검

1. DC퓨즈
2. 인버터 커넥터
   [↔ 고전압 배터리측 파워 릴레이 어셈블리(PRA)]
3. 인버터 커넥터
   [↔ 전동식 에어컨 컴프레서]

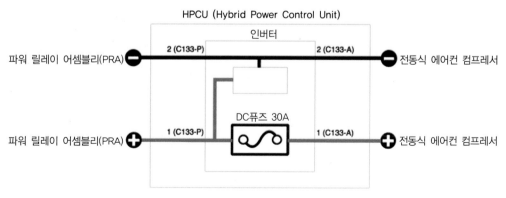

1. 고전압회로 차단

2. HPCU에서 파워케이블과 인버터 파워케이블 분리

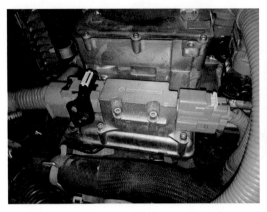

3. 장착 육각볼트를 푼 후, DC퓨즈 커버 Ⓐ와 씰 커버 Ⓐ 탈거

4. 장착볼트 풀고 DC퓨즈 Ⓐ를 HPCU로부터 탈거하여 DC 퓨즈 저항 측정

DC 퓨즈 저항측정 : 1Ω 이하 (20℃)

(9) 저전압 직류 변환 장치(LDC: Low DC/DC Converter) 점검

LDC는 하이브리드 파워 컨트롤 유닛(HPCU)에 포함되어 있으며, 고전압 배터리의 전압을 저전압(+12V)로 변환하여 알터네이터와 같이 보조 배터리를 충전하는 역할을 한다.

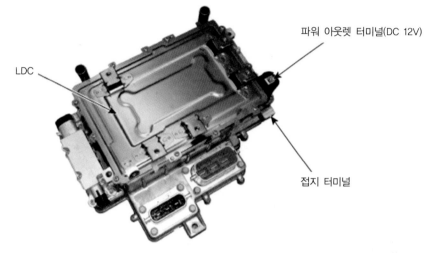

항목	제원
입력전압(V)	200~310
출력전압(V)	12.8~14.7
정격파워(kW)	1.8
냉각방법	수냉식

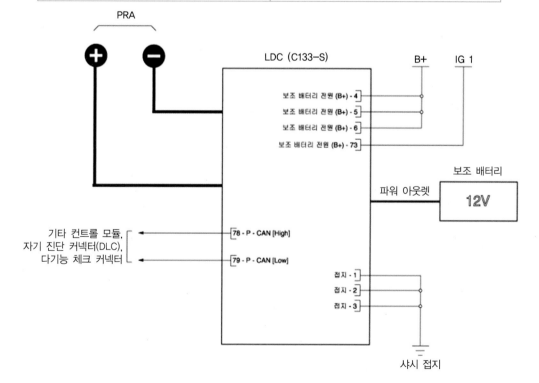

(10) 파워 케이블 점검

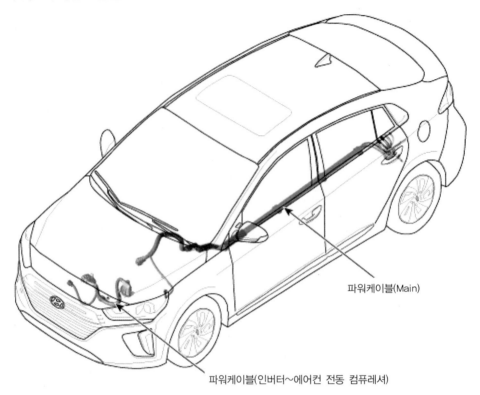

파워케이블(Main)

파워케이블(인버터~에어컨 전동 컴퓨레셔)

1. 보조 배터리 및 고전압 차단 작업

2. 인버터 파워케이블 분리 후 커패시터 방전 확인(30V이하)

3. 엔진룸 정션블록에서 고정너트를 풀고 플러스 케이블Ⓐ 분리

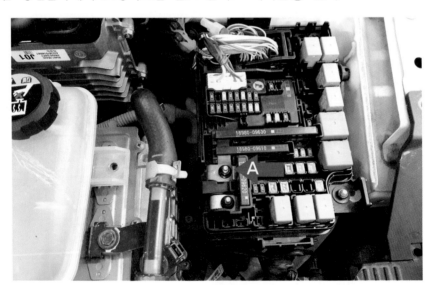

4. 리어 시트 쿠션 탈거 및 리어 시트
   백 어셈블리 폴딩 후 탈거
5. 좌측과 우측 리어도어 바디 사이
   드 웨더스트립 및 리어도어 스카
   프 트림 탈거 후
   쿨링 인렛 및 아웃렛 덕트 탈거
6. 12V 보조 배터리로 연결되는 (+)
   케이블과 차체 접지볼트를 분리
7. 인버터 파워케이블(+), (-)케이블
   탈거

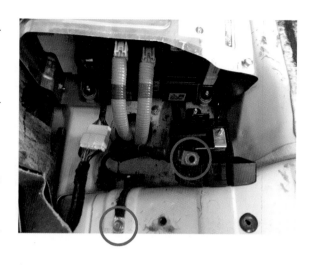

8. 리프트로 차량을 올린 후 사이드 언더커버를 탈거

10. 고정너트 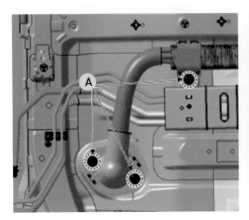를 푼 후 파워케이블 탈거

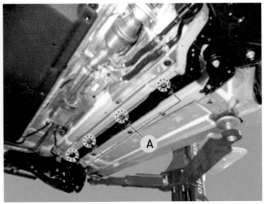

(11) 브레이크 스위치(=스톱 램프 스위치)

브레이크 스위치는 브레이크 페달에 장착되어 있으며 정지등과 HCU와 연결되어 있다. 브레이크 스위치는 브레이크 페달의 밟음 또는 해제 상태를 감지하여 HCU로 그 신호를 전송한다.

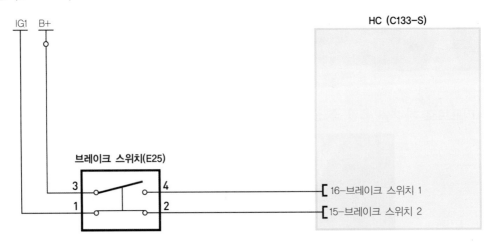

	브레이크 페달 해제시	브레이크 페달 작동시
브레이크 스위치 1	OFF	ON
브레이크 스위치 2	ON	OFF

브레이크 스위치 → ← 페달 스트로크 센서

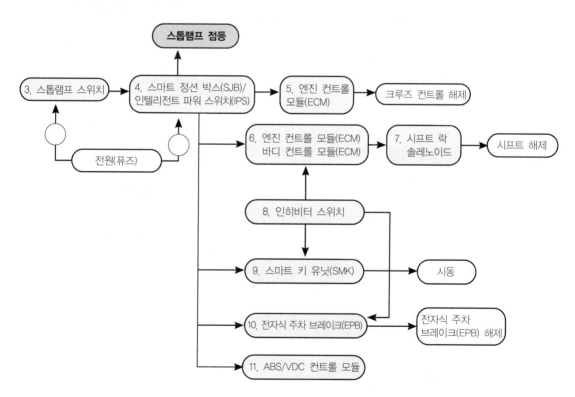

```
                          ┌─────────────────┐
                          │   스톱램프 점등   │
                          └────────▲────────┘
                                   │
┌──────────────┐      ┌──────────────────────────┐      ┌──────────────────┐      ┌──────────────────┐
│ 3. 스톱램프    │─────▶│ 4. 스마트 정션 박스(SJB)/   │─────▶│ 5. 엔진 컨트롤      │─────▶│ 크루즈 컨트롤 해제  │
│    스위치      │      │   인텔리전트 파워 스위치(IPS)  │      │   모듈(ECM)       │      └──────────────────┘
└──────────────┘      └──────────────────────────┘      └──────────────────┘
        ▲                   │            ▲
       ○                    │            ○              ┌──────────────────────┐      ┌──────────────────┐      ┌──────────────────┐
        │   ┌──────────┐    │            │         ┌───▶│ 6. 엔진 컨트롤 모듈(ECM) │─────▶│ 7. 시프트 락       │─────▶│ 시프트 해제        │
        └───│ 전원(퓨즈) │───┘────────────┘         │    │   바디 컨트롤 모듈(ECM)  │      │   솔레노이드        │      └──────────────────┘
            └──────────┘                          │    └──────────────────────┘      └──────────────────┘
                                                  │                ▲
                                                  │    ┌──────────────────────┐
                                                  │    │   8. 인히비터 스위치      │
                                                  │    └──────────────────────┘
                                                  │                │
                                                  │                ▼
                                                  ├───▶┌──────────────────────┐      ┌──────────────────┐
                                                  │    │   9. 스마트 키 유닛(SMK)  │─────▶│ 시동              │
                                                  │    └──────────────────────┘      └──────────────────┘
                                                  │
                                                  ├───▶┌──────────────────────┐      ┌──────────────────┐
                                                  │    │ 10. 전자식 주차 브레이크(EPB)│◀─────│ 전자식 주차        │
                                                  │    └──────────────────────┘      │ 브레이크(EPB) 해제  │
                                                  │                                  └──────────────────┘
                                                  └───▶┌──────────────────────┐
                                                       │ 11. ABS/VDC 컨트롤 모듈  │
                                                       └──────────────────────┘
```

고전압 배터리 팩 분해 점검[26]

※ 반드시 고전압 안전 보호구 및 고전압 안전 조치를 하고 작업할 것!

※ 절연공구 사용할 것!

※ 절연매트 위에서 작업할 것!

※ 고전압 배터리 몸체에 작업장 접지케이블 결선할 것!

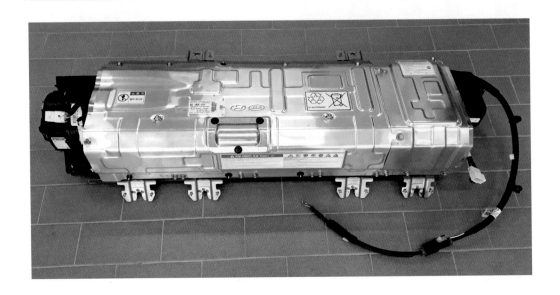

① 고전압 안전 플러그 제거 확인

---

26) 현대자동차, https://gsw.hyundai.com/ 아이오닉 2020년식 G1.6GDI HEV

② 고전압 배터리 메인 퓨즈 제거

③ 고전압 배터리 상부, 프런트, 리어 커버 및 브라켓 탈거

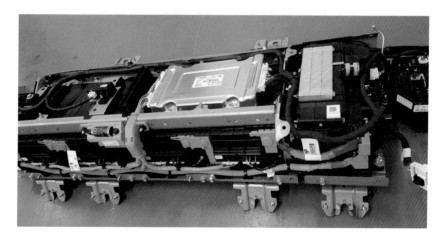

④ 12V 전원케이블 및 메인 컨트롤 하니스 케이블을 분리한다.

 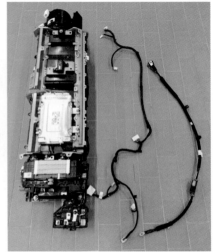

그림 767 보조배터리 전압 점검

⑤ BMS 커넥터 분리 후 BMS 탈거 후 셀 모듈간 단락방지를 위해 고무 캡 또는 절연 테이프를 이용하여 커넥터 절연처리 작업을 한다.

⑥ 12V 정션박스와 12V 버스바를 탈거한다.

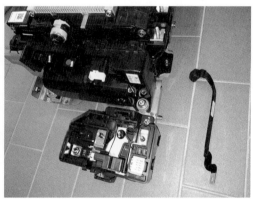

⑦ PRA에 연결되 있는 고전압 파워 케이블(+)단자와 (-)단자를 분리하고 팩 단락방지를 위해 고무 캡 혹은 절연테이프를 이용한 케이블 단자(+), (-) 각각에 대하여 절연처리 작업을 한다. 반드시 절연공구를 사용할 것!

그림 고전압 파워 단자 절연 점검

⑧ PRA를 탈거한다.

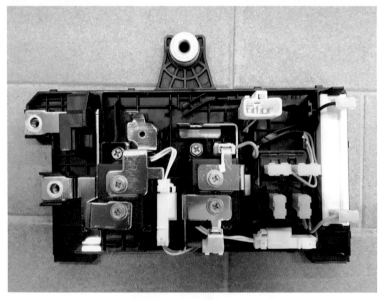

그림 PRA 내부 구성

 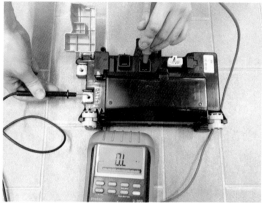

그림 PRA 내부 메일릴레이 스위치부 단품 점검

⑨ 보조배터리 온도센서 분리 후 보조배터리 탈거한다.

 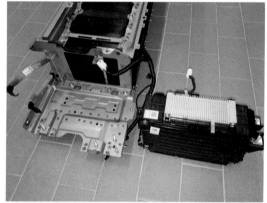

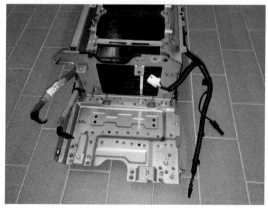 

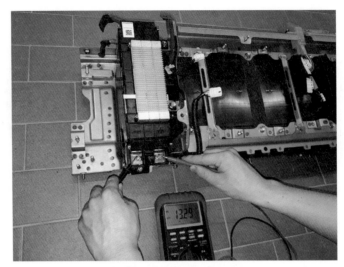

그림 보조배터리 전압점검

⑩ VPD 센서 탈거한다.

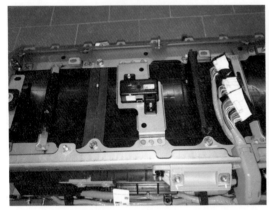 

⑪ 고전압 배터리 쿨링 팬 탈거한다.

 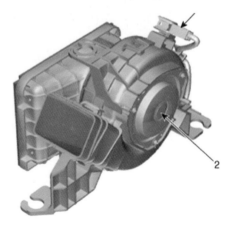

⑫ 배터리 팩 어셈블리의 후측면에 장착된 온도센서 케이블을 탈거한다.

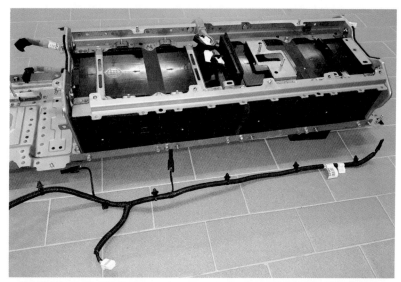

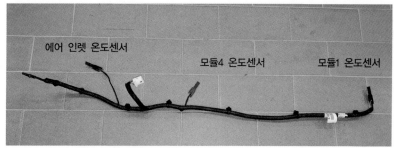

에어 인렛 온도센서   모듈4 온도센서   모듈1 온도센서

⑬ 고전압 배터리 모듈 커넥터를 분리 후 하니스를 탈거한다.

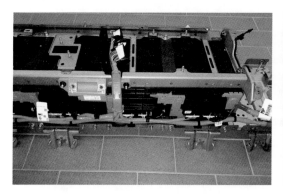

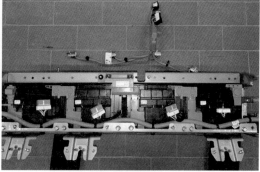

그림 모듈1,2 단자 전압 점검

⑭ 고전압 배터리 팩 파워케이블(+)와 파워케이블(-) 탈거한다.
고전압 버스 바 및 고전압 배터리 퓨즈 커넥터 탈거한다.

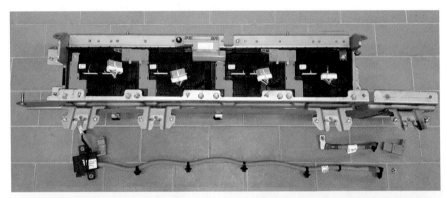

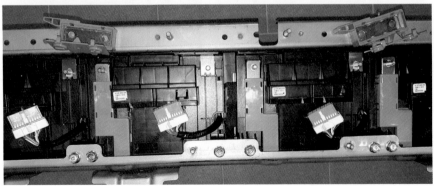

⑮ 고전압 배터리 팩 상부 브라켓 탈거 및 고전압 배터리 플레이트로부터 배터리 모듈 탈거

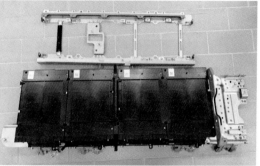

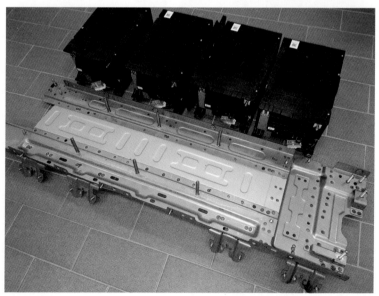

그림 고전압 배터리 모듈 전압 점검

⑯ 고전압 배터리 모듈 퓨즈 박스 탈거

그림 고전압 배터리 모듈 리튬폴리머 셀 적층 구조(전면)

그림 고전압 배터리 모듈 리튬폴리머 셀 적층 구조(후면)

7 HEV 구동모터 시스템 탈부착 및 단품 점검

(1) 하이브리드 모터시스템 탈부착[27)]

① 고전압을 차단한다.

② 엔진룸 언더 커버를 탈거한다.

③ 인버터 냉각수를 배출한다.

④ HPCU(하이브리드 파워컨트롤 유닛)를 탈거한다.

⑤ ECM(엔진 컨트롤 모듈)과 TCM(DCT 컨트롤 모듈)을 탈거한다.

⑥ HPCU(하이브리드 파워컨트롤 유닛) 트레이를 탈거한다.

⑦ 기어 액추에이터 모터 커넥터 Ⓐ와 솔레노이드 커넥터 Ⓑ를 분리한다.

⑧ 하이브리드 모터 커넥터 Ⓐ와 엔진 클러치 액추에이터 커넥터 Ⓑ를 분리한다.

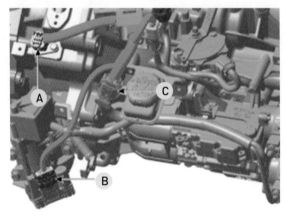

---

27) http://gsw.hyundai.com 현대 아이오닉 2020 G1.6 GDI HEV

210

⑨ DCT 클러치 액추에이터 커넥터 **C**를 분리한다.

⑩ 인히비터 스위치 커넥터 **A**와 입력축 속도 센서 커넥터 **B**를 분리한다.

⑪ 접지 볼트 **C**와 와이어링 브라켓 볼트(D-2개)를 탈거한다.

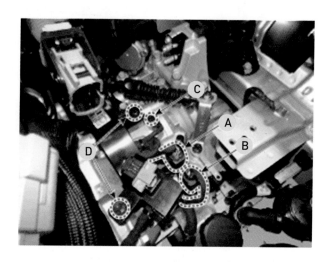

⑫ 너트 **A**와 시프트 케이블 브라켓 볼트(B-2개) 및 접지볼트 **A**를 탈거한다.

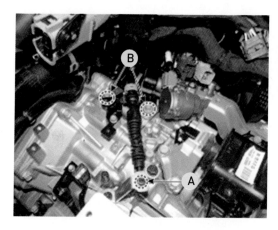 

⑬ 하이브리드 모터 쿨링 호스 Ⓐ를 탈거한다.

⑭ 하이브리드 모터 상부 장착 볼트(Ⓐ-3개)를 탈거한다.

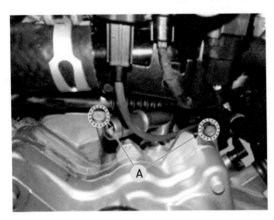

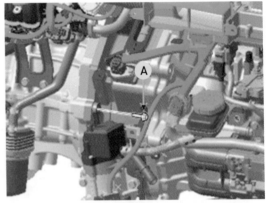

⑮ 조립한 엔진지지대Ⓐ를 휠 하우징위
    에 장착 후, 엔진 행어에 걸어 엔진
    및 변속기 어셈블리를 안전하게 지지
    한다.

⑯ 더스트 커버 Ⓐ를 탈거하고, 변속기 서포트 브라켓 볼트(A-2개)를 탈거한다.

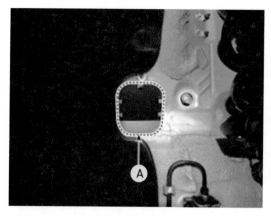 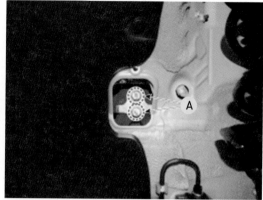

⑰ 변속기 서포트 브라켓 Ⓐ을 탈거한다.

⑱ 서브 프레임을 탈거한다.

⑲ 프런트 드라이브 샤프트를 탈거
한다.

⑳ 히터 펌프를 탈거한다.

㉑ 크랭크 샤프트 포지션 센서를
탈거한다.

㉒ 롤 로드 서포트 브라켓 Ⓐ을 탈
거한다.

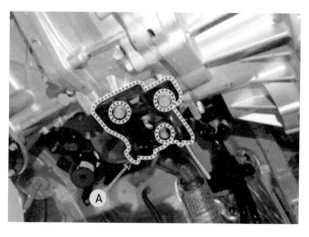

㉓ 잭으로 하이브리드 모터와 변속기 어셈블리를 안전하게 지지한다.

㉔ 하이브리드 모터 하부 장착 볼트(Ⓐ, Ⓑ)를 탈거한다.

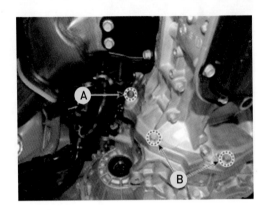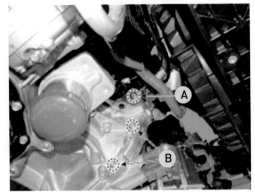

㉕ 하이브리드 모터와 변속기 어셈블리를 엔진에서 분리한 후, 잭을 천천히 내리면서 하이브리드 모터와 변속기 어셈블리를 탈거한다.

㉖ 변속기로 부터 하이브리드 모터 어셈블리를 탈거한다.

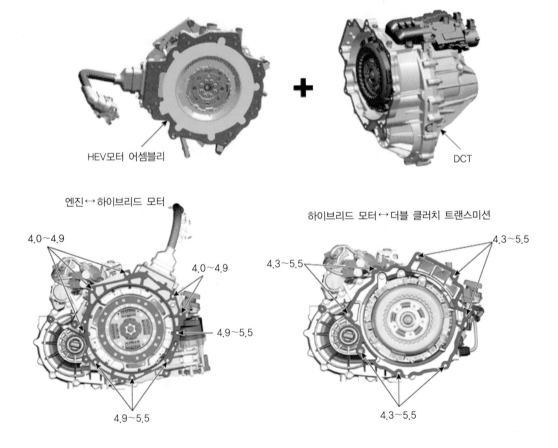

HEV모터 어셈블리

DCT

엔진↔하이브리드 모터

하이브리드 모터↔더블 클러치 트랜스미션

4.0~4.9

4.0~4.9

4.9~5.5

4.9~5.5

4.3~5.5

4.3~5.5

4.3~5.5

4.3~5.5

(2) 하이브리드 구동 모터 단품 점검[28]

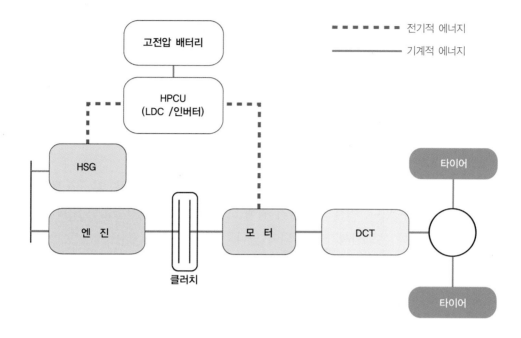

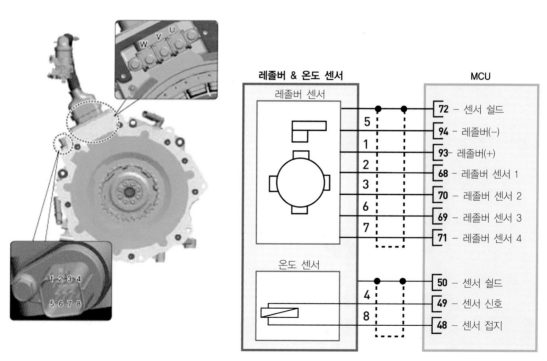

28) http://gsw.hyundai.com 현대 아이오닉 2020 G1.6 GDI HEV

① mΩ 테스터기를 이용하여 선간 저항을 점검한다.

항목	점검부위	점검기준	비고
저항	U-V	35.3mΩ ± 5%	상온(20℃) 기준
	V-W		
	W-U		

② 모터 온도 센서 저항을 점검한다.
- 모터 온도는 모터 출력에 많은 영향을 준다.
- 모터가 과열되면, 주요 부품(영구자석, 스테이터 코일 등)의 소손 및 구동모터 작동에 악영향을 줄 수 있다. 이를 방지하기 위해 모터 과열정도를 판단하여 모터 토크를 제어할 수 있도록 온도센서가 장착되어 있다.

항목	점검부위	점검기준	비고
저항	핀 4-8	8kΩ(30℃)~20kΩ(10℃)	10~30℃

③ 레졸버 센서 저항을 점검한다.
- 구동모터를 효율적으로 제어하기 위해서는 모터 회전자(영구자석)의 절대위치를 항상 알고 있어야 한다.
- 레졸버는 모터 회전자(영구자석)의 절대위치를 검출하는 장치이다.

그림 구동 모터 레졸버 센서

그림 HSG모터 레졸버 센서

항목	점검부위	점검기준	비고
저항	핀 1 - 5	11.7Ω ± 10%	상온(20℃) 기준
	핀 2 - 6	32Ω ± 10%	
	핀 3 - 7	27Ω ± 10%	

④ 절연 검사를 한다.

항목	점검부위	점검기준	비고
저항	W – U – V	10 MΩ↑	DC540V, 1분
		2.5 mA↓	AC1600V, 1분
	위치(레졸버) 센서	100 MΩ↑	DC500V, 1분
	온도 센서	100 MΩ↑	

8 HEV 스타터 제너레이터(HSG) 점검정비[29]

(1) HEV 스타터 제너레이터(HSG) 탈부착 정비

① 고전압을 차단한다.

② 드레인 플러그를 열어 인버터 냉각수를 배출한다. 원활한 배출을 위해 리저버 캡을 열어둔다.

③ 드라이브 벨트를 탈거한다.

- 렌치를 사용하여 기계식 텐셔너 Ⓐ를 반시계 방향으로 회전시킨 후 고정용 핀으로 고정시킨다.

---

29) http://gsw.hyundai.com 현대 아이오닉 2020 G1.6 GDI HEV

- 유압식 텐셔너 Ⓑ에 특수공구(09244-G2100)를 장착하고 조절 볼트 Ⓒ를 조여 텐셔너를 압축한다.
- 드라이브 벨트 Ⓓ를 탈거한다.

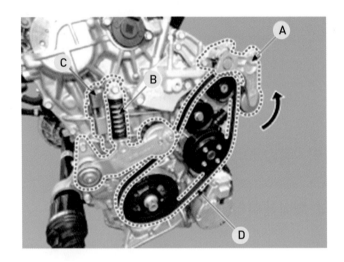

④ 엔진 마운팅 서포트 브라켓을 탈거한다.
⑤ 기계식 드라이브 벨트 텐셔너를 탈거한다.
⑥ 타이밍 체인 커버 아이들러를 탈거한다.
⑦ HSG 센서 커넥터 Ⓐ를 분리하고 HSG에서 쿨러 호스 Ⓐ를 탈거한다.

⑧ 흡기 매니폴드를 탈거 한 후 HSG 고전압 케이블 커넥터 Ⓐ를 분리한다.

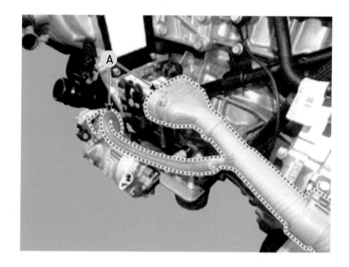

⑨ 하이브리드 스타터 제너레이터(HSG) 서포트 브라켓 장착 볼트 Ⓐ를 탈거한 후 하이
브리드 스타터 제너레이터(HSG) Ⓐ를 탈거한다.

(2) 하이브리드 스타터 제너레이터(HSG) 단품 점검

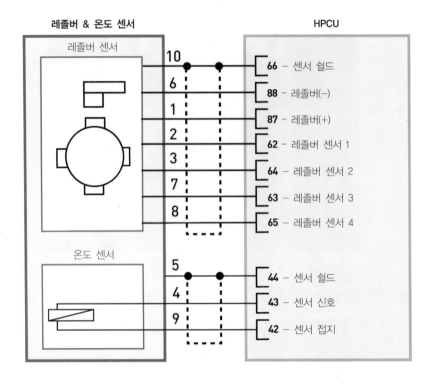

① mΩ 테스터기를 이용하여 선간 저항을 점검한다.

항 목	점검부위	점검기준	비고
	U–V		
	V–W	195mΩ ± 5%	온도에 따른 변화: +0.4%/°C
	W–U		

② 모터 온도 센서 저항을 점검한다.

• 모터 온도는 모터 출력에 많은 영향을 준다.

• 모터가 과열되면, 주요 부품(영구자석, 스테이터 코일 등)의 소손 및 구동모터 작동에 악영향을 줄 수 있다. 이를 방지하기 위해 모터 과열정도를 판단하여 모터 토크를 제어할 수 있도록 온도센서가 장착되어 있다.

항 목	점검부위	점검기준	비고
	핀 4-9	10.92 ~ 13.44 kΩ	상온(20°C)기준

③ 레졸버 센서 저항을 점검한다.

• 구동모터를 효율적으로 제어하기 위해서는 모터 회전자(영구자석)의 절대위치를 항상 알고 있어야 한다.

• 레졸버는 모터 회전자(영구자석)의 절대위치를 검출하는 장치이다.

그림 구동 모터 레졸버 센서

그림 HSG모터 레졸버 센서

항 목	점검부위	점검기준	비고
	핀 1 - 6	15.8 ± 2Ω	상온(23°C) 기준
	핀 2 - 7	28.2 ± 2Ω	
	핀 3 - 8	28.2 ± 2Ω	

④ 절연 검사를 한다.

항목	점검부위	점검기준	비고
	W - U - V	10 MΩ↑	DC540V, 1분
		5 mA↓	AC1600V, 1분
	위치(레졸버) 센서	100 MΩ↑	DC500V, 1분
	온도 센서	100 MΩ↑	

9 HEV 섀시부품 분해 정비작업[30]

(1) 제동장치

1. 차량을 리프트를 이용하여 들어 올린 후 안전을 확인하고, 프런트 휠 너트를 풀고, 휠 및 타이어 Ⓐ를 프런트 허브에서 탈거한다. 프런트 휠 및 타이어를 탈거할 때 허브 볼트가 손상되지 않도록 주의한다.
쇽업소버에서 브레이크 호스 브라켓을 탈거한다.

2. 캘리퍼 바디 어셈블리(캐리어) 체결 볼트를 풀어 캘리퍼 바디 어셈블리를 분리한 후 차체에 철사나 케이블타이 등을 이용하여 걸어놓는다.
브레이크 파이프는 캘리퍼 교환 등 부득이한 경우 외는 분리를 금한다.

3. 브레이크 패드를 교환시는

---

30) http://gsw.hyundai.com 현대 아이오닉 2020 G1.6 GDI HEV

• 상부 캘리퍼 조정볼트나 하부 가이드 로드 볼트를 풀고 캘리퍼 바디를 위 또는 아래로 젖혀두고, 패드 리턴 스프링을 탈거한 후 브레이크 패드를 탈거한다.

• 신품 패드로 교환 후 공구를 사용하여 캘리퍼 피스톤 압입하여 캘리퍼를 조립한다.

(2) 프런트 현가장치 및 조향장치

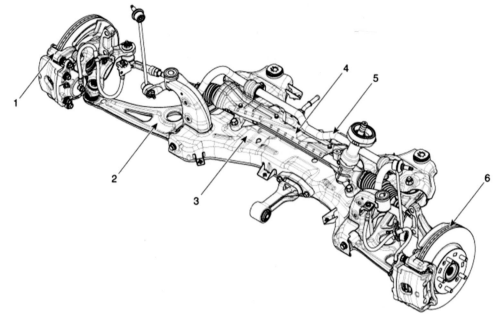

1. 브레이크 캘리퍼
2. 프런트 로어 암
3. 프런트 서브 프레임
4. 스티어링 기어박스
5. 프런트 스테빌라이저 바
6. 브레이크 디스크

1. 차량을 리프트를 이용하여 들어 올린 후 안전을 확인하고, 프런트 휠 너트를 풀고, 휠 및 타이어 Ⓐ를 프런트 허브에서 탈거한다. 프런트 휠 및 타이어를 탈거할 때 허브 볼트가 손상되지 않도록 주의한다.

쇽업소버에서 브레이크 호스 브라켓을 탈거한다.

2. 너클에서 휠 스피드센서 볼트를 풀고 휠 스피드 센서를 탈거한다.

3. 캘리퍼 바디 어셈블리(캐리어) 체결 볼트를 풀어 캘리퍼 바디 어셈블리를 분리한 후 차체에 철사나 줄을 이용하여 걸어놓는다. 브레이크 파이프는 캘리퍼 교환 등 부득이 한 경우 외는 분리를 금한다.

4. 특수공구를 사용하여 타이로드 엔드 볼 조인트를 탈거한다.
   • 분할 핀을 탈거한다.
   • 캐슬 너트를 탈거한다.

• 타이로드 앤드 풀러를 사용하여 타이로드 엔드 볼 조인트를 탈거한다.

5. 프런트 스트럿 어셈블리 탈거
   • 스패너를 사용하여 쇽 업소버에서 스
   태빌라이저 링크를 탈거한다. 스태빌
   라이저 바 링크를 탈거할 때 링크의
   아웃터 헥사를 고정하고 너트를 탈거
   한다.
   • 프런트 스트럿 어셈블리를 액슬에서
   탈거한다.

6. 와이퍼 암 및 카울 탑 커버를 제거한다.

7. 프런트 스트럿 어퍼 체결너트(3개)를 분리한다. 분리전 위치 확인을 위해 볼트와 체결 부위에 마크를 한다.

8. 프런트 스트럿 어셈블리를 차체에서 분리한다.
9. 프런트 허브에서 코킹너트를 탈거하고 프런트 허브에서 드라이브 샤프트를 분리한다.

10. 특수공구를 이용하여 로어 암 체결 너트를 풀고 로어 암을 분리한 후 프런트 허브 너클 어셈블리를 탈거한다.
   • 고정 핀을 탈거한다.
   • 캐슬 너트 및 와셔를 탈거한다.
   • 특수공구(09568-1S100)를 사용하여 로어 암 볼 조인트를 탈거한다.
   • 로어 암 볼 조인트 체결 너트는 재사용하지 않는다.

11. 볼트와 너트를 풀어 로어 암을 서브 프레임에서 탈거한다.

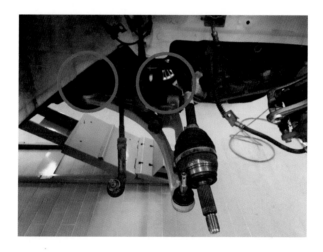

12. 롤 로드 브라켓을 탈거하고 히트 프로텍터를 탈거한다.

13. 냉각수 파이프 마운팅 볼트와 고무호스를 풀고 프런트 서브 프레임에서 분리한 후 머플러 러버 행어를 분리한다.

14. 유니버셜 조인트 체결볼트를 풀고 유니버셜 조인트를 스티어링 기어박스에서 분리한다.

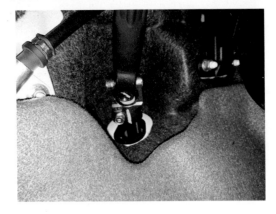

장착시 주의사항

- 스티스티어링 휠 유동시 클록 스프링 내부 케이블이 손상될 수 있으므로 중립을 유지한다.
- 장착시 유니버셜 조인트를 스티어링 기어박스 피니언 샤프트에 확실히 삽입하여 체결한다.
- 유니버셜 조인트 체결 볼트는 재사용 하지 않는다.
- 유 조인트 슬롯 사이로 피니언 샤프트 샤크핀이 삽입될 수 있도록 조립한다.

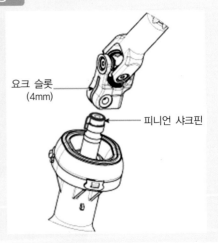

요크 슬롯
(4mm)

피니언 샤크핀

15. 안전을 위해 트랜스미션 잭을 설치하고 볼트와 너트를 풀어 프런트 서브 프레임을 탈거한다.

 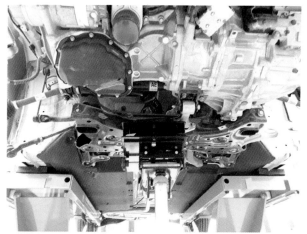

16. 탈착된 프런트 서브 프레임에서 히트 프로텍터와 스티어링 기어박스를 분리한다.

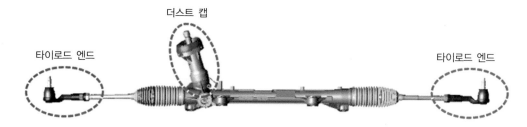

타이로드 엔드　　　더스트 캡　　　타이로드 엔드

(3) 리어 현가장치

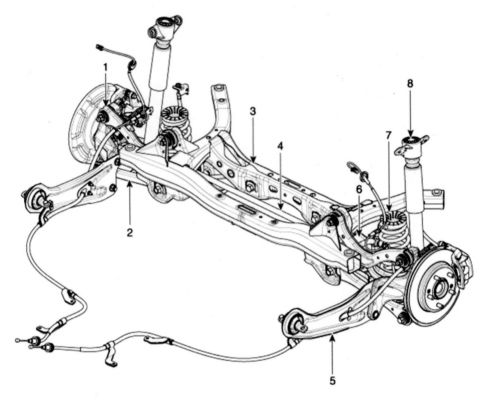

1. 리어 어퍼암
2. 어시스트암
3. 리어크로스 멤버
4. 리어 스테빌라이져
5. 트레일링암
6. 리어 로어암
7. 리어 코일 스프링
8. 리어 속 업쇼버

1. 차량을 리프트를 이용하여 들어 올린 후 안전을 확인하고, 리어 휠 너트를 풀고, 리어 휠 및 타이어 Ⓐ를 리어 허브에서 탈거한다. 휠 및 타이어를 탈거할 때 허브 볼트가 손상되지 않도록 주의한다.

2. 리어 휠 속도 센서 커넥터 Ⓐ를 탈거 후 리어 어퍼 암에서 휠 속도 센서 케이블 브라켓을 탈거한다.

3. 리어 캘리퍼 바디 어셈블리를 탈거하여 차체에 걸어놓는다.

4. 볼트와 너트를 풀어 리어 액슬에서 리어 어퍼 암을 탈거한다.

5. 리어 캘리퍼에서 주차 브레이크 케이블을 탈거한다.

- 주차브레이크는 해제한다.
- 주차 브레이크 케이블 고정 클립을 탈거한다.
- 작동레버를 시계방향으로 당겨 케이블을 느슨하게 만든 후 주차케이블을 캘리퍼에서 탈거한다.

6. 주차 브레이크 케이블 마운팅 너트를 풀어 케이블 브라켓을 트레일링 암에서 탈거하고 케이블을 트레일링 암과 분리한다.

7. 볼트를 풀어 프레임에서 리어 쇽 업소버를 분리한 후 볼트를 풀어 트레일링 암을 차체
   에서 탈거한다.

8. 메인 머플러 머플러를 탈거한다.

9. 잭을 받힌 후 리어 서브프레임 마운팅 볼트를 풀고 차체에서 서브프레임을 탈거한다.

(4) 구동계 부품

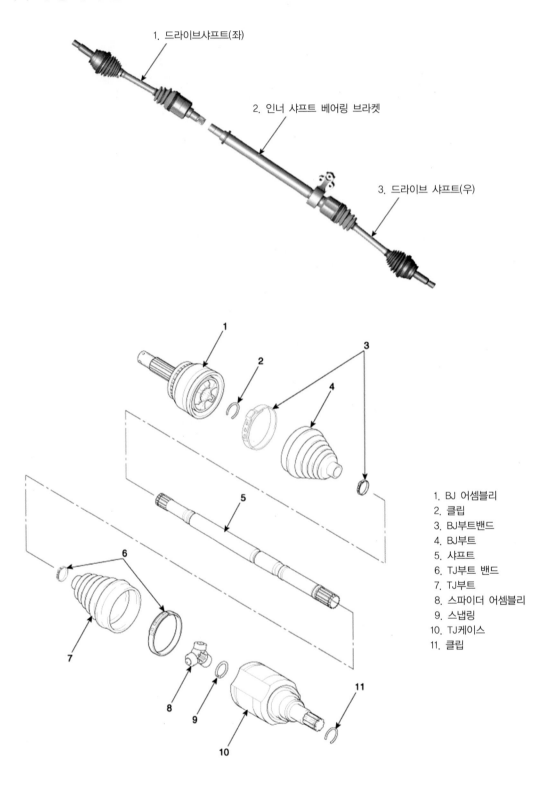

1. 드라이브샤프트(좌)
2. 인너 샤프트 베어링 브라켓
3. 드라이브 샤프트(우)

1. BJ 어셈블리
2. 클립
3. BJ부트밴드
4. BJ부트
5. 샤프트
6. TJ부트 밴드
7. TJ부트
8. 스파이더 어셈블리
9. 스냅링
10. TJ케이스
11. 클립

1. 프런트 현가장치 및 조향장치
   [참조 P.225]

2. 프런트 허브에서 코킹너트를 탈거한다.

3. 휠스피드 센서 및 휠 스피드 센서 브라
   켓, 브레이크 호스 브라켓을 탈거한다.

4. 특수공구를 사용하여 타이로드 엔드 볼 조인트를 탈거한다.

5. 인너샤프트 마운팅 볼트를 풀고 우측 드라이브 샤프트를 탈거한 후 프라이 바를 이용
   하여 드라이브 샤프트를 탈거한다. 좌측도 동일하게 응용하여 드라이브 샤프트를 탈거
   한다.

HEV 차체 외장부품 분해 정비작업[31]

(1) 후드

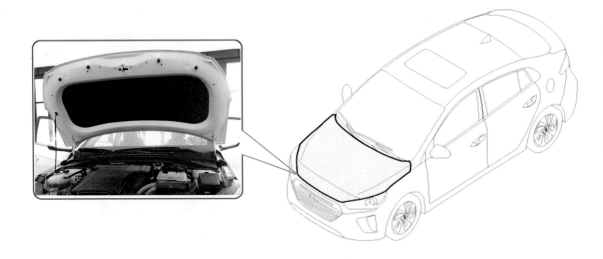

1. 후드 힌지 장착 볼트를 풀고 후드 어셈블리를 탈거

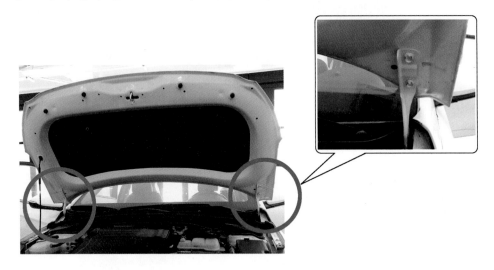

---

31) http://gsw.hyundai.com 현대 아이오닉 2020 G1.6 GDI HEV

(2) 카울 탑 커버

1. 와이퍼 암 플러그 홀을 탈거하고 장착너트를 풀어 와이퍼 암을 제거

2. 스크류 드라이버를 이용하여 카울 탑 사이드 커버 탈거

3. 워셔 노즐Ⓐ 분리하고 장착클립을 제거하여 카울 탑 커버 탈거

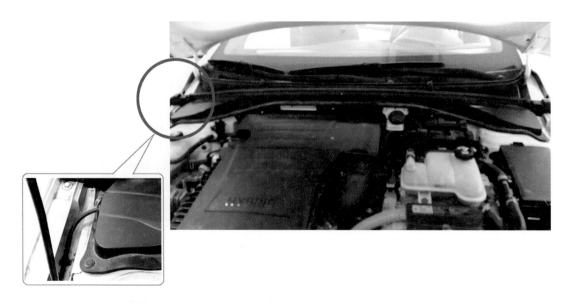

4. 조립은 분해의 역순이다.

(3) 프런트 범퍼

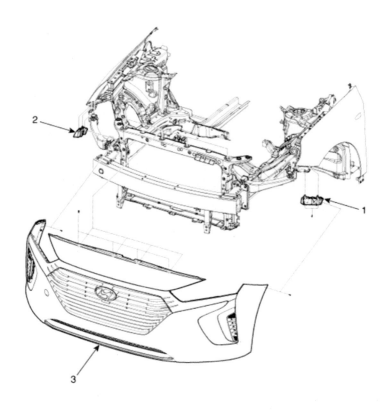

1. 프런트 범퍼 상단과 하단 장착 볼트를 푼다.

2. 프런트 범퍼 Ⓐ 사이드 측 마운팅 스크류와 클립을 풀어 사이드측 휠하우스 커버 분리 및 프런트 범퍼 사이트쪽을 분리한다.

3. 좌측 범퍼 안쪽 잠금핀을 눌러 프런트 범퍼 메인커넥터를 탈거한 후 프런트 범퍼 커버를 탈거한다.

4. 조립은 분해의 역순이다.

(4) 전조등

1. 전조등 커넥터를 분리 후 장착볼트를 풀고 전조등 어셈블리를 탈거

2. **주의** 전조등 아랫부분 고정클립이 파손되지 않도록 유의

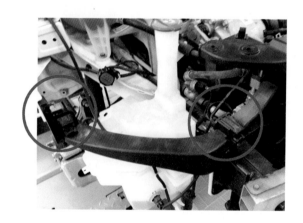

3. 조립은 분해의 역순이다.

(5) 라디에이터

1. 냉각수 리저버 탱크 캡을 열고 엔진 룸 언더 커버 탈거

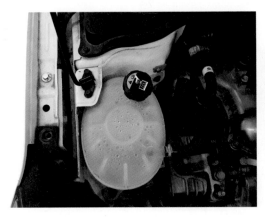

2. 라디에이터 하부에 드레인 플러그 Ⓐ를 풀고 냉각수를 배출

3. 에어덕트, 에어 흡기호스, 에어브리더 호스, 흡입공기량센서, 흡기온센서 커넥터, 에어 클러너 어셈블리 분리

4. HSG 냉각수 호스 분리, 쿨링팬 슈라우드에 있는 와이어링 하니스 커넥터 분리

5. 후드 랫치 커넥터 분리 후 와이어링 고정클립을 제거, 후드 랫치 케이블 분리

6. 장착볼트를 풀고 후드 랫치 어셈블리 탈거

7. 쿨링 팬 상부 가드 Ⓐ, 쿨링 팬 어셈블리 Ⓐ를 탈거

8. 라디에이터 상부호스 및 하부호스 탈거

주의사항

라디에이터 하부호스 탈거 시 홀더클립을 탈거하고 퀵 커넥터를 분리

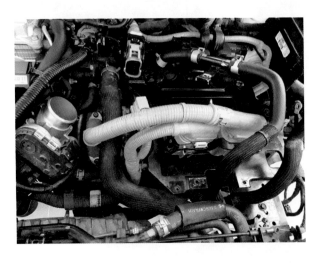
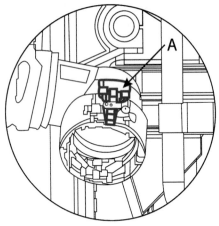

9. 라디에이터 마운팅 브라켓 Ⓐ 탈거

10. 라디에이터 고정볼트 Ⓐ, 에어컨 파이프 고정볼트 Ⓐ 탈거

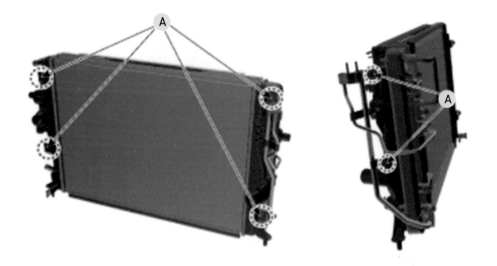

11. 인버터 리저버 호스 브라켓 볼트 탈
    거하고 전장 라디에이터를 분리 및
    라디에이터 Ⓐ를 위로 끌어당겨 탈
    거
12. 조립은 분해의 역순이다.

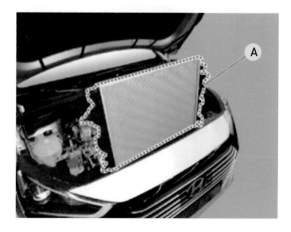

(6) 프런트 펜더

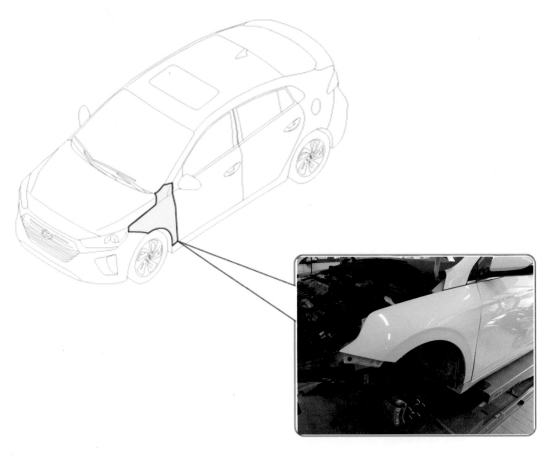

1. 프런트 범퍼를 탈거한다.
2. 프런트 휠 가드 탈거 및 프런트 범퍼 사이드 마운팅 브라켓 탈거

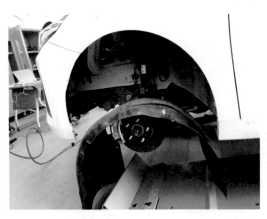 

3. 델타 가니쉬 탈거 및 사이드씰 몰딩 탈거

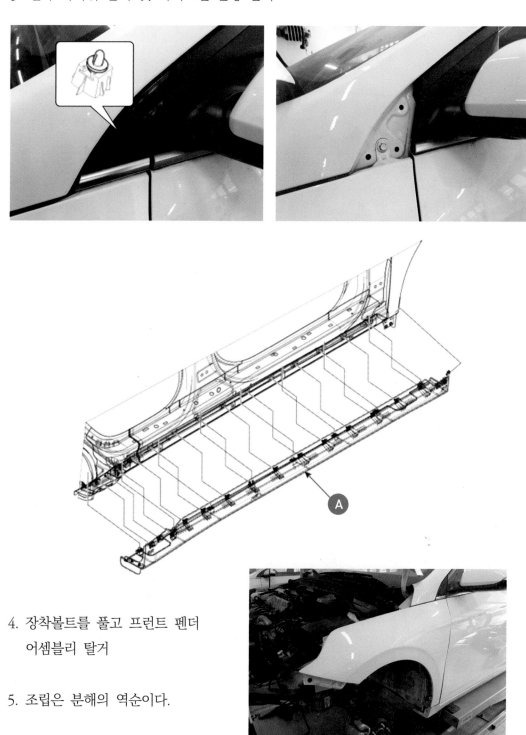

4. 장착볼트를 풀고 프런트 펜더 어셈블리 탈거

5. 조립은 분해의 역순이다.

(7) 프런트 도어

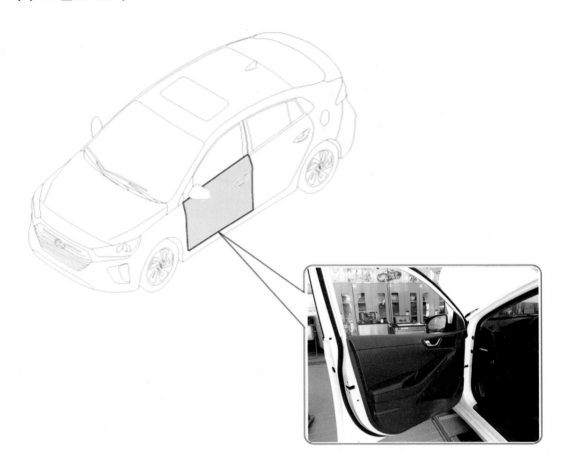

1. 프런트 도어 메인 커넥터 A 분리 및 프런트 도어 체커 B 장착볼트 탈거

2. 프런트 도어를 닫아놓고 도어를 안전하게 밀착하여 고정

3. 프런트 도어 상하 힌지 체결볼트 분리

4. 조립은 분해의 역순이다.

(8) 리어 도어

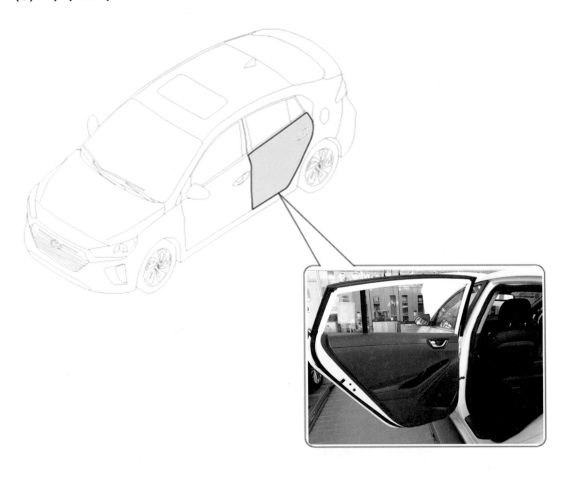

1. 리어 도어 메인 커넥터 분리 후 리어 도어 체커 장착볼트 탈거

2. 리어 도어를 닫아놓고 도어를 안전하게 밀착하여 고정

3. 리어 도어 상하 힌지 체결볼트 분리

4. 조립은 분해의 역순이다.

(9) 테일게이트

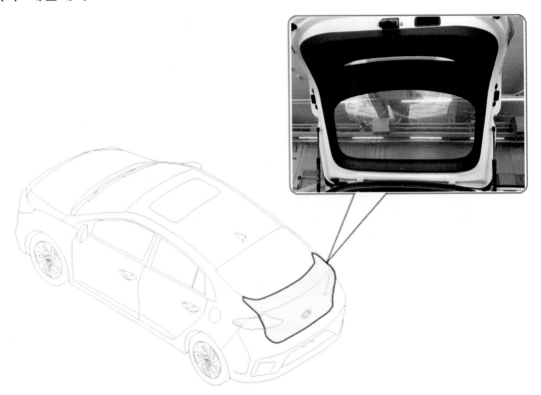

1. 테일게이트 로어 트림, 테일게이트 어퍼 트림, 테일게이트 센터 트림, 테일게이트 사이
   드 트림 탈거

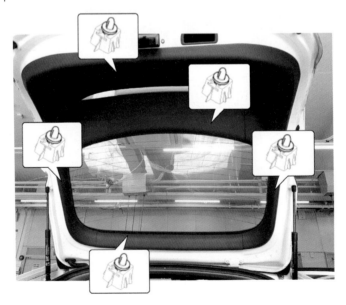

2. 각종 커넥터를 분리하고 와이어링 하네스를 분리 후 스크류 드라이버를 이용하여 테이
   게이트 리프트 고정 클립을 분리하고 테일게이트 리프트 분리

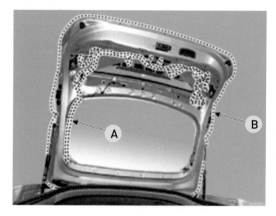 

3. 테일게이트 힌지 분리

4. 조립은 분해의 역순이다.

(10) 리어범퍼

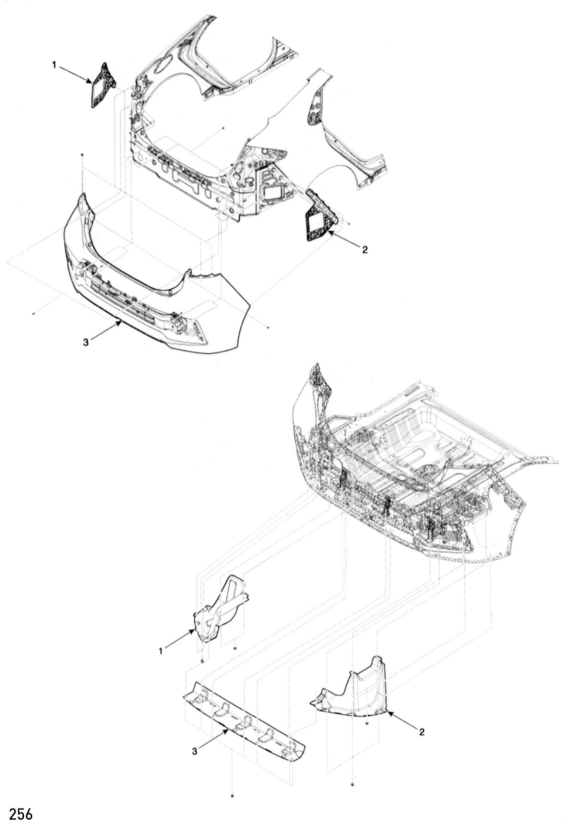

1. 리어 컴비네이셔 캡 탈거 후 리어 컴비네이션 램프 탈거 후 커넥터 분리

2. 리어 범퍼 사이드측 상부 장착스크류 및 클립을 풀어 사이드측을 분리 후 리어 휠가드 탈거

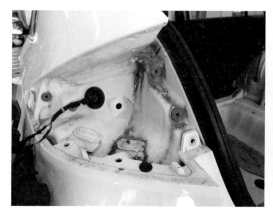 

3. 리어 휠가드 탈거 후 리어범퍼 사이드 하단의 리테이너 커버 탈거

4. 리어 범퍼 하단 차체 안쪽에서 장착볼트 분리 후 리어 범퍼하단 장착클립 분리

5. 리어 범퍼 어셈블리 탈거 후 리어 범퍼 좌측 안쪽의 메인커넥터 분리

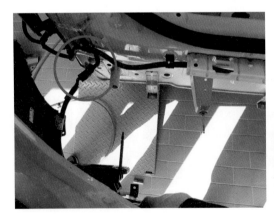
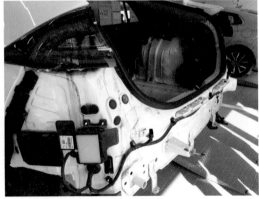

6. 리어 범퍼를 탈거한다.

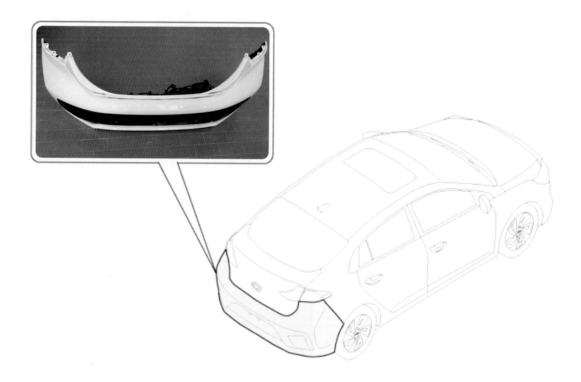

7. 조립은 분해의 역순이다.

11 HEV 차체 내장부품 분해 정비작업[32]

(1) 프런트 시트

1. 프런트 시트를 뒤로 밀고 앞쪽볼트를 푼 후 프런트 시트를 앞으로 밀고 뒤쪽 볼트를 푼다.

2. 프런트 시트 하단 메인커넥터 Ⓐ, 사이드 에어백커넥터 Ⓑ, 프런트 안전벨트 버클 커넥터 Ⓒ 분리

3. 좌우 프런트 시트를 차체 밖으로 분리해 낸다.

4. 조립은 분해의 역순이다.

---

32) http://gsw.hyundai.com 현대 아이오닉 2020 G1.6 GDI HEV

(2) 리어 시트

1. 장착볼트를 풀어 리어 시트 쿠션 어셈블리 탈거 후 잠금핀을 눌러 시트 열선 커넥터 분리한다.

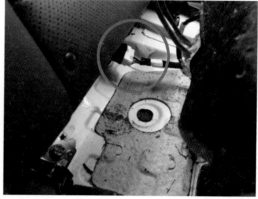

2. 이어시트 백 어셈블리 양쪽 상단에 폴딩레버를 화살표 방향으로 당겨 리어시트 백 어셈블리를 폴딩시키고 장착볼트를 풀어 탈거

3. 조립은 분해의 역순이다.

(3) 플로어 콘솔

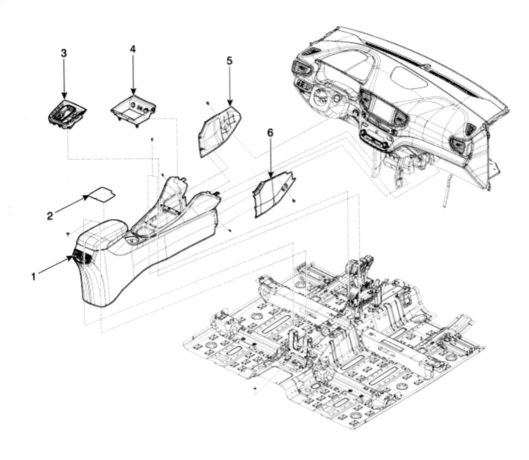

1. 리무버를 사용하여 기어부츠 Ⓐ 분리

2. 변속기 레버 노브 & 부츠 Ⓐ 를 수직방향(위로)으로 잡아 당겨 탈거

주의사항

- 노브를 회전시키면 파손되므로 주의할 것!
- 장착시 레버로드에 변속기 노브를 삽입 후 망치질 금지
  압입력 : 30 ± 10kgf, **이탈력** : 40 ± 10kgf

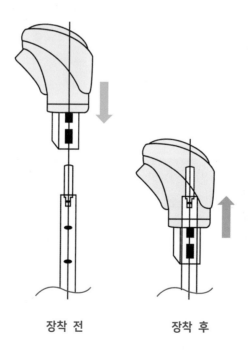

장착 전   장착 후

2. 러버 매트 탈거 후 리무버를 이용하여
   무선 충전유닛 탈거

3. 잠금핀을 눌러 무선충전 커넥터 분리 후 스크류 드라이버 또는 리무버를 이용하여 콘
   솔 어퍼 커버 탈거

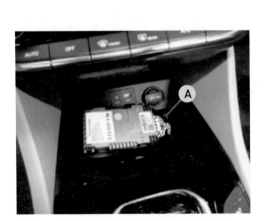

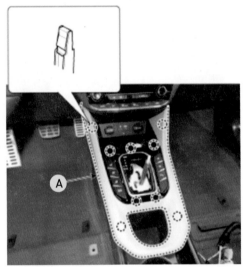

4. 잠금핀을 눌러 메인 커넥터 탈거 후 스토리지 박스 패드 탈거

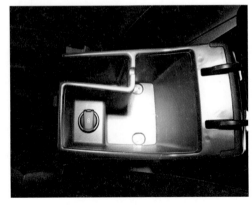

5. 잠금핀을 눌러 시가잭 커넥터 분리 후 장착스크류 및 볼트를 풀고 콘솔 리어 컴플리트 어셈블리 탈거

6. 장착클립을 풀어 콘솔 사이드 커버 탈거하고 콘솔을 차체에서 분리한다.

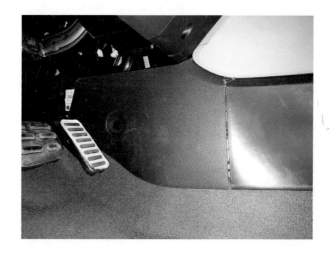

7. 조립은 분해의 역순이다.

(4) 센터 페시아 패널

1. 크래쉬패드 사이드 커버 탈거 후 크래쉬 패드 사이드 가니쉬 제거

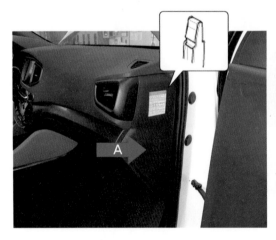

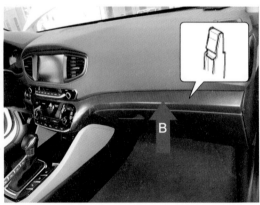

2. 시동버튼 스위치 커넥터 분리 후 히터 & 에어컨 컨트롤 유닛 탈거

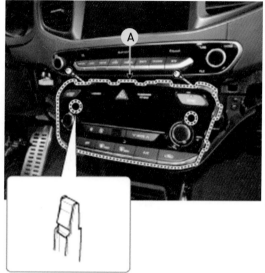

3. 리무버를 이용하여 센터 페시아 패널을 탈거

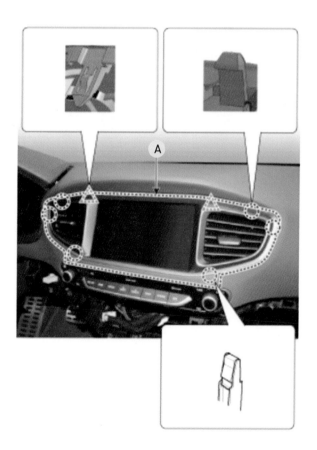

4. 스크류 4개를 풀고 AVN헤드 유닛 탈거

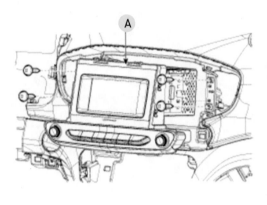 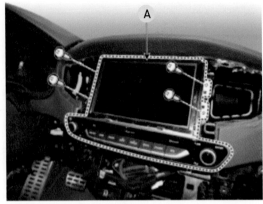

5. 커넥터와 안테나 케이블 분리

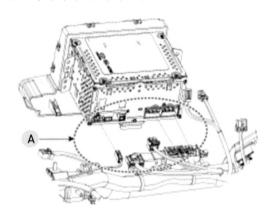 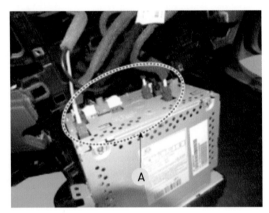

(5) 글로브 박스 어퍼 커버

1. 글로브 박스 안의 양쪽 스토퍼 분리 후 에어댐퍼 분리

2. 락핀 제거 후 크래쉬 패드 언더 커버 탈거

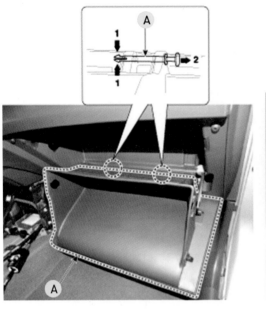

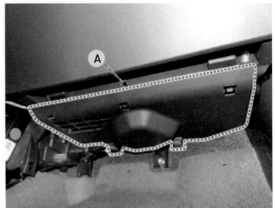

3. 글러브 박스 어퍼 커버 어셈블리 탈거

4. 조립은 분해의 역순이다.

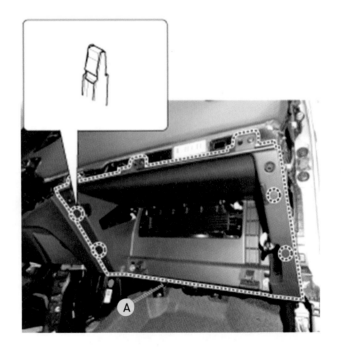

(6) 스티어링 어셈블리

1. 운전석 에어백 모듈 탈거

에어백 모듈 고정 와이어가 적혀지도록 가이드 홀을 따라 끝이 납작한 공구를 삽입한다(육각렌치 φ5mm권장),

공구삽입 후 화살표방향으로 공구를 회전하여 체결핀을 눌러주면 쉽게 탈거할 수 있다.

2. 스티어링 록 볼트 제거

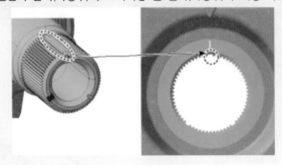

장착시 주의사항

- 스티어링 휠 체결 볼트는 재사용하지 않는다.
- 장착시 컬럼 샤프트 끝단의 합치(마킹부)와 스티어링 휠 결치(마킹부)가 매칭 되도록 조립한다.

3. 스티어링 컬럼 상부, 하부 쉬라우드 분리 후 클록 스프링 분리

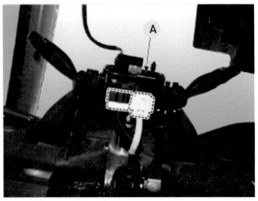

- 클록 스프링 장착시 정렬마크를 일치시켜 중심 위치를 맞춘다.
- 오토락을 누른 후 시계방향으로 클록 스프링을 멈출 때 까지 돌리고 다시 반대 방향으로 약 2회전시켜서 중립마크(▶◀)를 일치시킨다.

오토락

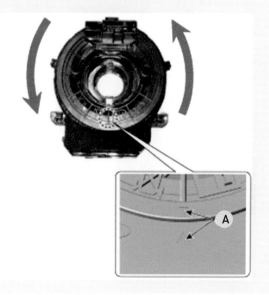

A

4. 다기능 스위치 탈거 후 클러스터 페시아 어퍼패널 탈거

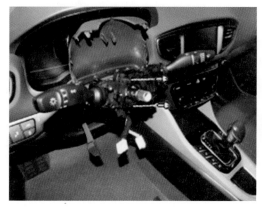

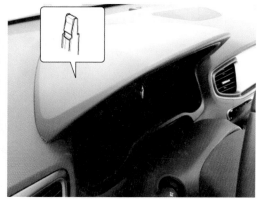

5. 클러스 페시아 패널 탈거 후 크래쉬 패드 사이드 커버 탈거

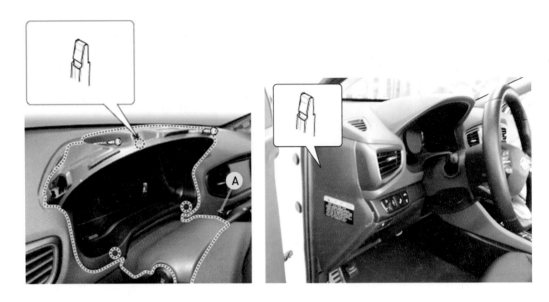

6. 크래쉬 패드 로어패널 탈거 후 크래쉬 패드 사이드 가니쉬 어셈블리 탈거

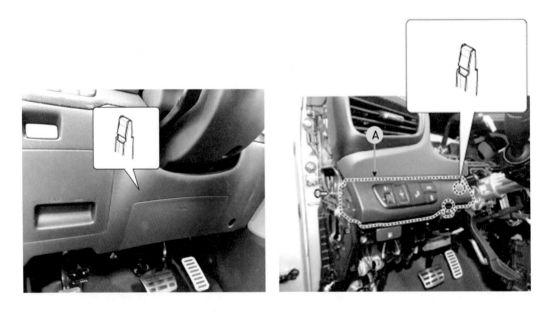

7. 연료 버튼 패널 어셈블리 탈거 후 운전석 무릎 에어백 탈거

8. 센터 가니쉬 탈거

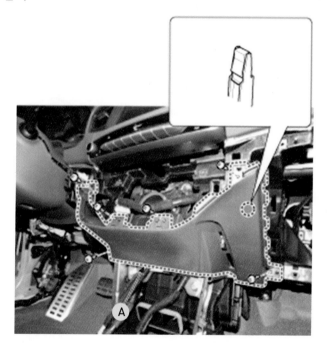

9. 조립은 분해의 역순이다.

(7) 스티어링 컬럼

1. MDPS ECU 커넥터 분리 후 유니버셜
   조인트 체결 볼트 분리

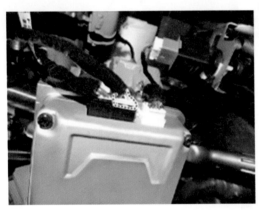

장착시 주의사항

- 스티스티어링 휠 유동시 클록 스프링 내부 케이블이 손
  상될 수 있으므로 중립을 유지한다.
- 장착시 유니버셜 조인트를 스티어링 기어박스 피니언 샤
  프트에 확실히 삽입하여 체결한다.
- 유니버셜 조인츠 체결 볼트는 재사용 하지 않는다.
- 유 조인트 슬롯 사이로 피니언 샤프트 샤크핀이 삽입될
  수 있도록 조립한다.

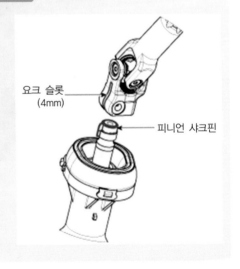

요크 슬롯
(4mm)

피니언 샤크핀

2. 스티어링 컬럼 어셈블리 분리

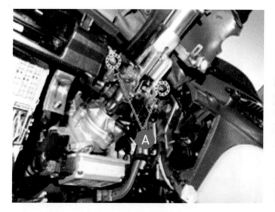

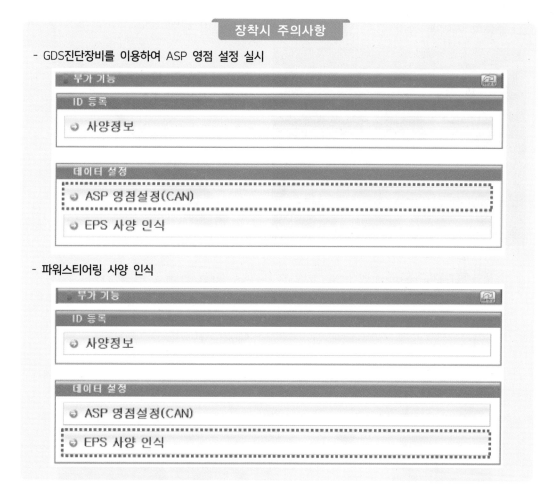

(8) 메인 크래쉬 패드 어셈블리

1. 포토센서 탈거 후 센터 스피커 커넥터 분리

2. 동승석 에어백 장착 볼트 탈거 및 프런트 필라 트림 탈거

3. 프런트 필라 트림을 살짝 벌려 공구를 삽입 후 장착 클립을 당겨 분리

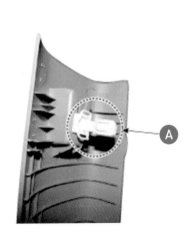
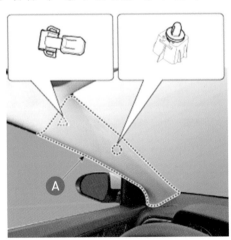

4. 메인크레쉬 패드 어셈블리 탈거

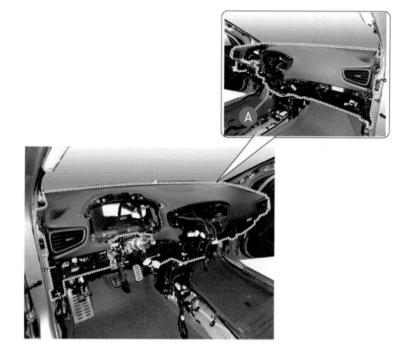

5. 메인크레쉬 패드가 어느 정도 분리시 동승석 에어백 모듈 커넥터를 분리

6. 조립은 분해의 역순이다.

1 고전압 케이블 및 안전플러그 조립 정비작업

보조 배터리 및 고전압 차단 작업 [참조 P.152]

안전플러그 메인퓨즈 점검 [참조 P.179]

조립은 탈거의 역순으로 진행한다.

2 HPCU 및 HSG 냉각계통 조립 정비작업[33]

HPCU 탈거 정비작업 [참조 P.168]

조립은 탈거의 역순으로 진행한다.

- HPCU내부는 2개의 인버터, LDC, HCU로 구성된 통합형 전원 변환 유닛으로 분해 하지 않는다.
- HPCU 장착 볼트 : 2.0 ~ 3.0 kgf.m
- LDC 파워 아웃렛 케이블 조임 볼트 : 0.4 ~ 0.6 kgf.m
- LDC 접지 케이블 조임 볼트 : 0.4 ~ 0.6 kgf.m

---

33) http://gsw.hyundai.com 현대 아이오닉 2020 G1.6 GDI HEV

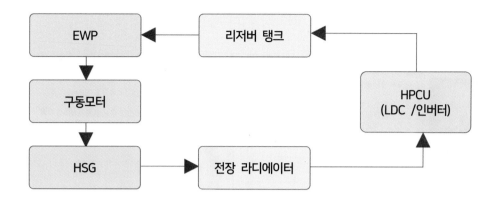

(1) 하이브리드 모터 쿨링 시스템의 냉각수를 보충하고 자기진단(GDS)을 이용해 공기빼기 작업을 한다.

1. 리저버 캡을 통해 라디에이터에 물을 채우고, 라디에이터 캡을 장착한다.
   - 내부의 공기가 쉽게 빠져 나갈 수 있도록 냉각수를 천천히 주입한다.
   - 라디에이터 상/하부 호스를 눌러주어 공기가 쉽게 배출되도록 한다.
   - 냉각수를 부을 때, 반드시 릴레이 박스 뚜껑을 닫고, 전기 부품이나 페인트에 엎지르지 않도록 주의한다. 만약 냉각수를 흘렸다면 즉시 씻어내야 한다.

2. 부동액과 물 혼합액(45~50%)을 리저버 캡을 통해 천천히 채운다.
   - 라디에이터 상/하부 호스를 눌러주어 공기가 쉽게 배출되도록 한다.
   - 순정품의 부동액/냉각수를 사용한다.
     냉각수 사양 : LLC-10,   냉각수 용량 : 약 3.2 L
   - 부식방지를 위해서 냉각수의 농도를 최소 45%로 유지해야 한다.
   - 냉각수 농도가 45%미만인 경우 부식 또는 동결에 위험이 있을 수 있다.
   - 냉각수 농도가 60%이상인 경우 냉각효과를 감소시킬 수 있으므로 권장하지 않는다.
   - 서로 다른 상표의 부동액/냉각수를 혼합하여 사용하지 않는다.
   - 추가적인 녹 방지제를 첨가하여 사용하지 않는다.

3. IG ON에서 GDS를 이용해서 전자식 워터 펌프(EWP)를 강제 구동시킨다.

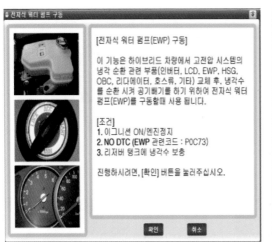
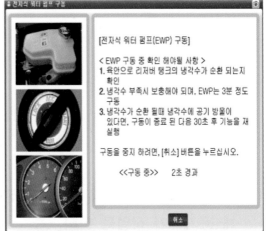

4. EWP가 작동하고 냉각수가 순환하면, 냉각수 레벨이 "MAX"와 "MIN" 사이를 유지하도록 냉각수를 채운다.

- 약 5초 동안 냉각수 양이 충분히 공급되지 않으면 EWP 보호기능이 작동하여 약 15초 정도 EWP의 작동이 멈추며, 냉각수 양을 충분히 공급해주면 자동적으로 EWP는 작동한다.
- EWP의 작동소리가 점점 작아지고 리저버에서 공기방울이 보이지 않는다면 공기빼기 작업을 끝낸다.
- 공기빼기 작업이 끝난 후 반드시 EWP가 작동하는 동안에 리저버 안에 공기방울이 없는지 확인한다.
- 약 냉각수 흐름이 보이지 않거나 공기방울이 여전이 보인다면, 공기빼기 작업을 반복해야 한다.

5. EWP를 멈추고, 냉각수를 "MAX" 까지 채운 후 리저버 캡을 장착한다.

(2) 하이브리드 파워 컨트롤 유닛(HPCU) 교환 시

※ 반드시 GDS 장비를 이용하여 아래와 같이 "HCU 배리언트 코딩" 및 "엔진 클러치/모터 레졸버 학습"
절차를 수행한다.

1. HCU 배리언트 코딩

① 점화스위치를 OFF 한다.

② GDS 장비를 자기진단커넥터(DLC)에 연결한다.

③ 차종, 연식, 엔진사양, 시스템 〉 HCU 〉 Vehicle S/W Management 〉 ID등록

④ GDS 지시에 따라 "HCU 배리언트 코딩"을 수행한다.

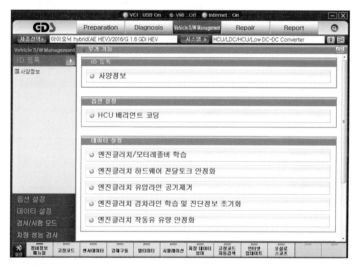

2. 엔진클러치 / 모터레졸버 학습

레졸버 보정 작업은 엔진 또는 HPCU(인버터), 드라이브 모터, 스타터 제너레이터 (HSG), 엔진클러치를 교체하거나, 제거, 재장착할 때마다 필요하다.

① 점화스위치를 OFF 한다.

② GDS 장비를 자기진단커넥터(DLC)에 연결한다.

③ 차종, 연식, 엔진사양, 시스템 〉 HCU 〉 Vehicle S/W Management 〉 ID등록

④ GDS 지시에 따라 "**엔진클러치 / 모터레졸버 학습**"를 수행한다.

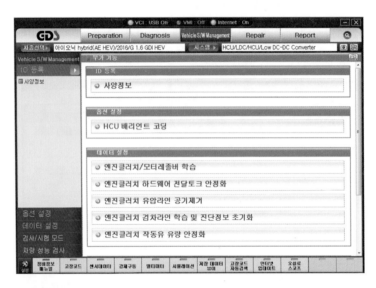

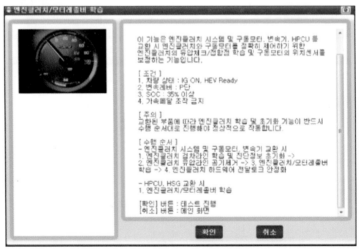

3 고전압 배터리 시스템 조립 정비 및 점검 작업[34)

※ 반드시 고전압 안전 보호구 및 고전압 안전 조치를 하고 작업할 것!
※ 절연공구 사용할 것!
※ 절연매트 위에서 작업할 것!
※ 고전압 배터리 몸체에 작업장 접지케이블 결선할 것!

(1) 고전압 배터리 시스템 조립

고전압 배터리 팩 분해 [참조 P.198]
고전압 배터리 팩 어셈블리 분해
조립은 탈거의 역순으로 진행한다.

- BMS, PRA 장착 너트 : 0.8 ~ 1.2 kgf.m
- 인버터 파워 케이블 및 파워 케이블 단자 조임 너트 : 0.8 ~ 1.2 kgf.m
- 고전압 배터리 팩 어셈블리 장착 볼트 : 8.0 ~ 12.0 kgf.m
- 배터리 팩 프레임 장착 볼트, 커버 장착 너트 : 0.8 ~ 1.2 kgf.m
- 배터리 모듈 장착 볼트 : 0.8 ~ 1.2 kgf.m

(2) 고전압 배터리 팩 분해 후 점검 사항

① 전압 점검 : 전압계 이용

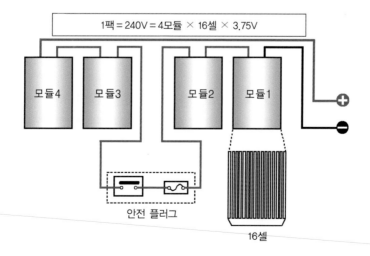

---

34) http://gsw.hyundai.com 현대 아이오닉 2020 G1.6 GDI HEV

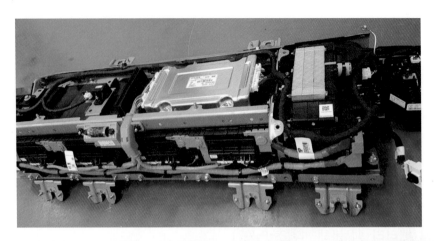

- 고전압 배터리 단자전압 측정1 : 안전플러그와 메인 퓨즈 연결 상태

현대자동차	전압측정 부위	측정전압
아이오닉HEV	고전압파워케이블(+)단자와 고전압파워케이블(−)단자	DC 240V

- 고전압 배터리 단자전압 측정2 : 안전플러그 또는 메인 퓨즈 제거 상태

현대자동차	전압측정 부위	측정전압
아이오닉HEV 2017.9.14이전	고전압파워케이블(+)단자와 안전플러그 체결단자(모듈3−)간	DC 120V
	고전압파워케이블(−)단자와 안전플러그 체결단자(모듈2+)간	DC 120V
아이오닉HEV 2017.9.15이후	고전압파워케이블(+)단자와 안전플러그 체결단자(모듈3−)간	DC 120V
	고전압파워케이블(−)단자와 메인퓨즈 체결단자(모듈2+)간	DC 120V

• 고전압 배터리 단자전압 측정3 : 각 고전압 배터리 모듈별

현대자동차	전압측정 부위	측정전압
아이오닉HEV	#1 모듈 +단자와 −단자	DC 60V
	#2 모듈 +단자와 −단자	DC 60V
	#3 모듈 +단자와 −단자	DC 60V
	#4 모듈 +단자와 −단자	DC 60V

② 절연저항 점검 : 메가옴 테스터 이용

현대자동차	절연저항 측정 부위	측정저항 (㏁)
아이오닉HEV	고전압 파워케이블(+)단자와 배터리 팩 몸체간	1 ㏁ 이상
	고전압 파워케이블(−)단자와 배터리 팩 몸체간	1 ㏁ 이상
	안전플러그 단자와 배터리 팩 차체	1 ㏁ 이상
	메인 퓨즈 단자와 배터리 팩 차체	1 ㏁ 이상
	각 고전압 버스바(또는 각 모듈 단자)와 배터리 팩 차체	1 ㏁ 이상
	각 고전압 단자와 고전압 케이블 절연체간	1 ㏁ 이상
	BMS ECU커넥터와 배터리 팩 몸체간 	1 ㏁ 이상
	BMS ECU커넥터와 배터리모듈 커넥터간 : 저항계 이용 	1Ω이하

전압측정 부위	측정전압
	◦ 기능선택스위치를 MΩ레인지에 위치하고, 적색리드는 LINE/ACV단자에 흑색리드는 COM/EARTH단자에 연결한다. ◦ 흑색리드집게는 접지측에 물리고, 적색리드측정봉은 측정될 회로에 접촉시킨다. ◦ POWER ON/OFF를 누르면 LED가 발광하며 지시계의 지침을 판독하면 된다. ◦ 연속 측정시는 기능선택스위치를 MΩ POWER LOCK위치에 놓고 측정하면 된다.

4 HEV 제어 시스템별 출력 데이터 진단·점검·분석[35]

(1) BMS 진단 데이터

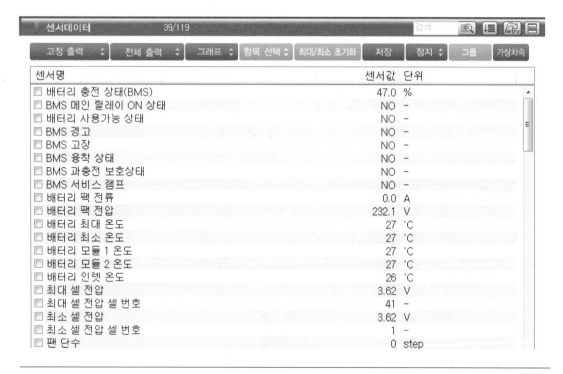

센서명	센서값	단위
배터리 충전 상태(BMS)	47.0	%
BMS 메인 릴레이 ON 상태	NO	-
배터리 사용가능 상태	NO	-
BMS 경고	NO	-
BMS 고장	NO	-
BMS 융착 상태	NO	-
BMS 과충전 보호상태	NO	-
BMS 서비스 램프	NO	-
배터리 팩 전류	0.0	A
배터리 팩 전압	232.1	V
배터리 최대 온도	27	'C
배터리 최소 온도	27	'C
배터리 모듈 1 온도	27	'C
배터리 모듈 2 온도	27	'C
배터리 인렛 온도	26	'C
최대 셀 전압	3.62	V
최대 셀 전압 셀 번호	41	-
최소 셀 전압	3.62	V
최소 셀 전압 셀 번호	1	-
팬 단수	0	step

35) 현대자동차 아이오닉 2016년식 G1.6GDI HEV GDS진단

☐ 팬 피드백 주파수	0	Hz
☐ 보조 배터리 전압	10.8	V
☐ 누적 충전 전류량	12390.4	Ah
☐ 누적 방전 전류량	12383.4	Ah
☐ 누적 충전 전력량	2908.0	kWh
☐ 누적 방전 전력량	2793.0	kWh
☐ 총 동작 시간	5039741	Sec
☐ 모터 제어기 준비	YES	-
☐ MCU 메인릴레이 OFF 요청	NO	-
☐ MCU 제어가능 상태	NO	-
☐ MCU(GCU) 준비	YES	-
☐ MCU(GCU) 메인릴레이 OFF 요청	NO	-
☐ MCU(GCU) 제어가능 상태	NO	-
☐ HCU 준비	YES	-
☐ HCU 엔진 스타트 신호	NO	-
☐ MCU 인버터 커패시터 전압	0	V
☐ 구동 모터 속도	0	RPM
☐ 현재 제너레이터(HSG) 속도	0	RPM
☐ 절연 저항	1000	kOhm
☐ 배터리 셀 전압 1	3.62	V
☐ 배터리 셀 전압 2	3.62	V
☐ 배터리 셀 전압 3	3.62	V
☐ 배터리 셀 전압 4	3.62	V
☐ 배터리 셀 전압 5	3.62	V
☐ 배터리 셀 전압 6	3.62	V
☐ 배터리 셀 전압 7	3.62	V
☐ 배터리 셀 전압 8	3.62	V
☐ 배터리 셀 전압 9	3.62	V
☐ 배터리 셀 전압 10	3.62	V
☐ 배터리 셀 전압 11	3.62	V
☐ 배터리 셀 전압 12	3.62	V
☐ 배터리 셀 전압 13	3.62	V
☐ 배터리 셀 전압 14	3.62	V
☐ 배터리 셀 전압 15	3.62	V
☐ 배터리 셀 전압 16	3.62	V
☐ 배터리 셀 전압 17	3.62	V
☐ 배터리 셀 전압 18	3.62	V
☐ 배터리 셀 전압 19	3.62	V
☐ 배터리 셀 전압 20	3.62	V
☐ 배터리 셀 전압 21	3.62	V
☐ 배터리 셀 전압 22	3.62	V
☐ 배터리 셀 전압 23	3.62	V
☐ 배터리 셀 전압 24	3.62	V
☐ 배터리 셀 전압 25	3.62	V
☐ 배터리 셀 전압 26	3.62	V
☐ 배터리 셀 전압 27	3.62	V
☐ 배터리 셀 전압 28	3.62	V
☐ 배터리 셀 전압 29	3.62	V
☐ 배터리 셀 전압 30	3.62	V
☐ 배터리 셀 전압 31	3.62	V
☐ 배터리 셀 전압 32	3.62	V
☐ 배터리 셀 전압 33	3.62	V
☐ 배터리 셀 전압 34	3.62	V
☐ 배터리 셀 전압 35	3.62	V
☐ 배터리 셀 전압 36	3.62	V
☐ 배터리 셀 전압 37	3.62	V
☐ 배터리 셀 전압 38	3.62	V
☐ 배터리 셀 전압 39	3.62	V

☐ 배터리 셀 전압 40	3.62	V
☐ 배터리 셀 전압 41	3.62	V
☐ 배터리 셀 전압 42	3.62	V
☐ 배터리 셀 전압 43	3.62	V
☐ 배터리 셀 전압 44	3.62	V
☐ 배터리 셀 전압 45	3.62	V
☐ 배터리 셀 전압 46	3.62	V
☐ 배터리 셀 전압 47	3.62	V
☐ 배터리 셀 전압 48	3.62	V
☐ 배터리 셀 전압 49	3.62	V
☐ 배터리 셀 전압 50	3.62	V
☐ 배터리 셀 전압 51	3.62	V
☐ 배터리 셀 전압 52	3.62	V
☐ 배터리 셀 전압 53	3.62	V
☐ 배터리 셀 전압 54	3.62	V
☐ 배터리 셀 전압 55	3.62	V
☐ 배터리 셀 전압 56	3.62	V
☐ 배터리 셀 전압 57	3.62	V
☐ 배터리 셀 전압 58	3.62	V
☐ 배터리 셀 전압 59	3.62	V
☐ 배터리 셀 전압 60	3.62	V
☐ 배터리 셀 전압 61	3.62	V
☐ 배터리 셀 전압 62	3.62	V
☐ 배터리 셀 전압 63	3.62	V
☐ 배터리 셀 전압 64	3.62	V
☐ 최대 내부 저항	1.28	mOhm
☐ 최대 내부 저항 배터리 셀번호	34	–
☐ 평균 내부 저항	1.17	mOhm
☐ 배터리 셀간 전압편차	0.00	V
☐ 최대 충전 가능 파워	39.00	'KW
☐ 최대 방전 가능 파워	42.00	'KW
☐ 셀 밸런싱 상태	NO	–
☐ 셀 밸런싱 셀 개수	0	–
☐ 팬 준비	YES	–
☐ 팬 초기화	NO	–
☐ 팬 작동	NO	–
☐ 팬 고장	NO	–
☐ 팬 SW 버전	0	–
☐ 팬 모터 회전수	0	RPM
☐ 팬 전류	0.0	A
☐ 릴레이 동작 횟수	3100	–

(2) MCU 진단 데이터

센서명	센서값	단위
MCU에 의한 메인 릴레이 차단 요구(즉시)	OFF	-
구동 모터 제어 가능 상태	ON	-
MCU(Motor Control Unit) 동작 준비 상태	ON	-
MCU에 의한 서비스램프 점등 상태	OFF	-
MCU에 의한 엔진경고등 점등 상태	OFF	-
구동 모터 강제구동 상태	OFF	-
MCU 토크제한 운전 상태	OFF	-
MCU 고장 상태	OFF	-
레졸버 보정 요구	OFF	-
MCU(GCU)에 의한 메인 릴레이 차단 요구(지연)	OFF	-
MCU에 의한 메인 릴레이 지연 차단 요구	OFF	-
전동식 워터 펌프(EWP) 동작 요구	OFF	-
MCU(GCU)에 의한 엔진 RPM 제한 요구	OFF	-
MCU에 의한 엔진 RPM 제한 요구	OFF	-
MCU Anti Jerk 동작 상태	OFF	-
라디에이터 팬 ON/OFF 동작 요구	OFF	-
MCU(GCU)에 의한 메인 릴레이 차단 요구(즉시)	OFF	-
하이브리드 시동 발전기 모터 제어 가능 상태	ON	-
MCU(GCU) 동작 가능 상태	ON	-
MCU(GCU)에 의한 서비스램프 점등 요구	OFF	-
MCU(GCU)에 의한 엔진경고등 점등 요구	OFF	-
제너레이터(HSG) 강제구동 상태	OFF	-
MCU(GCU) 토크제한 운전 상태	OFF	-
MCU(GCU) 고장 상태	OFF	-
인버터 DC 입력 전압	234.35	V
보조 배터리 전압	14.732	V
전동식 워터 펌프 (EWP) 상태	Normal	-
전동식 워터 펌프 (EWP(CPP)) 속도	0	RPM
인터락 센싱 전압	1.080	V
시동 전압	14.740	V
현재 구동 모터 속도	0	RPM
목표 구동 모터 토크 기준	0.0	Nm
현재 구동 모터 출력 토크	0.0	Nm
구동 모터 상전류 (실효치)	2.8	Arms
구동 모터 온도	34	°C
MCU 온도	38	°C
구동 모터 U 전류센서 옵셋값	-13	-
구동 모터 V 전류센서 옵셋값	-5	-
구동 모터 위치센서 옵셋값	5.9946	rad
구동 모터 위치센서 이상 감지 누적 횟수	0	-
구동 모터 레졸버 보정 완료 확인 코드	Initial	-
MCU 성능 이상 누적 횟수	0	-
구동 모터 레졸버 리사주 전압	1.1381	V
구동 모터 레졸버 보정 완료 확인 코드	43981	-
구동 모터 위치 오차 보상 완료 확인 코드	52674	-
구동 모터 위치 오차 1차 성분 (크기)	0.0162	-
구동 모터 위치 오차 1차 성분 (위상)	1.9626	rad

☐ 구동 모터 위치 오차 2차 성분 (크기)	0.0072	-
☐ 구동 모터 위치 오차 2차 성분 (위상)	1.0500	rad
☐ 인터락 이상 감지 누적 횟수	0	-
☐ 구동 모터 예상치 못한 전원 OFF 최대 시간	0	-
☐ 제네레이터(HSG) 예상치 못한 전원 OFF 최대 시간	0	-
☐ MCU 과전류 카운터 누적 횟수	0	-
☐ MCU A상 암숏 감지 누적 횟수	0	-
☐ MCU B상 암숏 감지 누적 횟수	0	-
☐ MCU C상 암숏 감지 누적 횟수	0	-
☐ MCU 스위치 모드 전원공급 장치 고장 카운터 누적 횟수	0	-
☐ 방열판 온도	37.62	'C
☐ 현재 제네레이터(HSG) 속도	0	RPM
☐ 목표 제네레이터(HSG) 토크 기준	0.0	Nm
☐ 현재 제네레이터(HSG) 출력 토크	0.0	Nm
☐ 제네레이터(HSG) 상전류 (실효치)	3	Arms
☐ 제네레이터(HSG) 온도	42	'C
☐ MCU(GCU) 온도	38	'C
☐ 제네레이터(HSG) V 전류센서 옵셋값	-7	-
☐ 제네레이터(HSG) W 전류센서 옵셋값	-6	-
☐ 제네레이터(HSG) 위치센서 옵셋값	6.2888	rad
☐ 제네레이터(HSG) 위치센서 옵셋보정 진행 상태	Initial	-
☐ 제네레이터(HSG) 위치센서 이상 감지 누적 횟수	0	-
☐ MCU(GCU) 성능 이상 누적 횟수	0	-
☐ 제네레이터(HSG) 레졸버 리사주 전압	1.2330	V
☐ 제네레이터(HSG) 레졸버 보정 완료 확인 코드	43981	-
☐ 제네레이터(HSG) 위치 오차 보상 완료 확인 코드	0	-
☐ 제네레이터(HSG) 위치 오차 1차 성분 (크기)	0.0000	-
☐ 제네레이터(HSG) 위치 오차 1차 성분 (위상)	0.0000	rad
☐ 제네레이터(HSG) 위치 오차 2차 성분 (크기)	0.0000	-
☐ 제네레이터(HSG) 위치 오차 2차 성분 (위상)	0.0000	rad
☐ 제네레이터(HSG) 역기전력 온도 보상 확인 코드	52675	-
☐ 제네레이터(HSG) 역기전력 온도 보상값	-40	-
☐ DC Link 옵셋보정 스케일값	0.9955	-
☐ DC Link 옵셋보정 옵셋값	2.2620	-
☐ DC Link 옵셋보정 확인 코드	52673	-
☐ GCU 과전류 카운터 누적 횟수	0	-
☐ GCU A상 암숏 감지 누적 횟수	0	-
☐ GCU B상 암숏 감지 누적 횟수	0	-
☐ GCU C상 암숏 감지 누적 횟수	0	-
☐ GCU SMPS 고장 카운터 누적 횟수	0	-

(3) HCU/LDC 진단 데이터

| 센서데이터 | | | 검색 | 🔍 | 📋 | 🔁 Retry | 📋 |

| 고정 출력 ⬍ | 전체 출력 ⬍ | 그래프 ⬍ | 항목 선택 ⬍ | 최대/최소 초기화 | 저장 | 정지 ⬍ | 그룹 | 가상차속 |

센서명	센서값	단위
☐ 이모빌라이져 인증여부	UNLOCK	-
☐ 이모빌라이져 차량여부	Immo.	-
☐ 이그니션 전원	ON	-
☐ 스타트 키 상태	OFF	-
☐ 브레이크 A 접점(Normal Open)	OPEN	-
☐ 브레이크 B 접점(Normal Close)	CLOSED	-
☐ 진단기에 의한 '엔진클러치 유압 보정'	Ready	-
☐ 엔진 제어기 준비	YES	-
☐ 배터리 제어기 준비	YES	-
☐ 모터 제어기 준비	YES	-
☐ 변속 제어기 준비	YES	-
☐ LDC 제어기 준비	YES	-
☐ 공조 제어기 준비	YES	-
☐ 제동 제어기 준비	YES	-
☐ 보조배터리(12V) 전압	14.859	V
☐ 메인배터리 충전용량	49.500	%
☐ TMU 차량 감속 명령	OFF	-
☐ TMU 시동 금지 명령	OFF	-
☐ 운전 모드	ECO	-
☐ 엔진 회전수	1297	RPM
☐ 모터 회전수	0	RPM
☐ 엔진클러치 토크명령	-5.000	Nm
☐ 엔진클러치 실제토크	-5.000	Nm
☐ 엔진클러치 림폼모드	No Reaction	-
☐ 클러치 엑츄에이터 작동상태	Operational	-
☐ 엔진클러치 결합상태	Open	-
☐ 엔진클러치 엑츄에이터 소프트웨어 버전	55	-
☐ HCU 데이터 1	427	-
☐ HCU 데이터 2	407	-
☐ HCU 데이터 3	126	-
☐ HCU 데이터 4	206	-
☐ HCU 데이터 5	201	-
☐ Touch Point 학습 후 값	6.75	mm
☐ 마찰계수 학습 후 값	0.270	-
☐ 엔진 클러치 엑츄에이터 EOL 완료	TRUE	-
☐ LDC 작동 준비 가능 상태	ON	-
☐ LDC PWM 출력 상태	ON	-
☐ LDC 서비스램프 요청	OFF	-
☐ LDC 고장 상태	NO	-
☐ LDC 출력 제한 상태	OFF	-
☐ LDC 파워모듈 온도	34	'C
☐ LDC 출력 전압	14.892	V
☐ LDC 출력 전류	19.23	A
☐ LDC 입력 전압	247.32	V
☐ LDC 구동 전압	14.684	V
☐ HCU 목표위치명령	13.600	mm

☐ 엔진클러치 엑츄에이터 작동 위치	13.59	mm
☐ 엔진클러치 엑츄에이터 작동전류	0.8190	A
☐ 엔진클러치 엑츄에이터 작동 RPM	0	RPM
☐ 엔진클러치 엑츄에이터 작동압력	11.4	bar
☐ 엔진클러치 엑츄에이터 고장의한 파워 Off	False	-
☐ 엔진클러치 엑츄에이터 피드백 제어	False	-
☐ HCU 엔진클러치 엑츄에이터 파워중단 요청	False	-
☐ 엔진클러치 엑츄에이터 PCB온도	39	'C
☐ 엔진클러치 엑츄에이터 IG KEY ON 상태	True	-
☐ 엔진클러치 진단 서비스 정보	-	-
☐ 엔진클러치 진단 서비스 상태	Idle	-
☐ 엔진클러치 진단 서비스 결과	Success	-
☐ 엔진클러치 진단 서비스 데이터 0	0.00	mm
☐ 엔진클러치 진단 서비스 데이터 1	0.00	mm
☐ 엔진클러치 진단 서비스 데이터 2	0.00	mm
☐ 엔진클러치 진단 서비스 데이터 3	0.00	mm
☐ 엔진클러치 진단 서비스 데이터 4	0.00	mm
☐ 엔진클러치 진단 서비스 데이터 5	0.00	mm
☐ 엔진클러치 진단 서비스 데이터 6	0.00	mm
☐ 엔진클러치 진단 서비스 데이터 7	0.00	bar/mm
☐ 엔진클러치 진단 서비스 데이터 8	0.00	bar/mm
☐ 엔진클러치 진단 서비스 데이터 9	0.00	bar/mm
☐ 엔진클러치 진단 서비스 데이터 10	0.00	bar/mm
☐ 엔진클러치 진단 서비스 데이터 11	0.00	bar/mm
☐ 엔진클러치 진단 서비스 데이터 12	0.00	bar/mm
☐ 엔진클러치 진단 서비스 데이터 13	0.00	bar/mm
☐ 엔진클러치 진단 서비스 데이터 14	0.00	bar/mm
☐ 엔진클러치 임시 고장 이력 데이터 0	9	-
☐ 엔진클러치 임시 고장 이력 데이터 1	9	-
☐ 엔진클러치 임시 고장 이력 데이터 2	9	-
☐ 엔진클러치 임시 고장 이력 데이터 3	9	-
☐ 엔진클러치 임시 고장 이력 데이터 4	9	-
☐ 엔진클러치 임시 고장 이력 데이터 5	9	-
☐ 엔진클러치 임시 고장 이력 데이터 6	9	-
☐ 엔진클러치 임시 고장 이력 데이터 7	9	-
☐ 엔진클러치 임시 고장 이력 데이터 8	9	-
☐ 엔진클러치 임시 고장 이력 데이터 9	9	-

센서데이터	강제구동	멀티미터	시뮬레이션	저장 데이터 뷰어	고장코드 자동검색	인터넷 업데이트	오실로 스코프		

(4) A/T 진단 데이터

센서명	센서값	단위
엔진 회전수	0.0	RPM
차속	0	km/h
스로틀 센서 개도각	8.5	%
엑셀포지션 센서	0.0	%
입력축 회전수 1 (홀수단 측)	0.0	RPM
입력축 회전수 2 (짝수단 측)	0.0	RPM
기어비	1.024	-
클러치 1 슬립 (홀수단 측)	0.00	RPM
클러치 2 슬립 (짝수단 측)	0.00	RPM
TCU 전압	14.85	V
엔진 토오크	0.0	%
시프트 레버 위치 (인히비터 스위치 기준)	P	-
시프트 레버 위치 (TGS CAN 신호 기준)	P	-
현 기어 위치	P/N	-
다음(Next) 기어 위치	P/N	-
패들 시프트 스위치 UP(+)	OFF	-
패들 시프트 스위치 Down(-)	OFF	-
Ds (Drive Sporty) 모드 스위치	Not Supported	-
브레이크 스위치	OFF	-
오토크루즈 스위치	Not Supported	-
스포츠 모드 선택	OFF	-
스포츠모드 업 스위치	OFF	-
스포츠모드 다운 스위치	OFF	-
클러치 1 온도 (홀수단 측)	30	'C
클러치 2 온도 (짝수단 측)	30	'C
고장코드 갯수	0	-
엔진 경고등	OFF	-
클러치 모터 1 위치 (홀수단 축)	0.053	mm
클러치 모터 2 위치 (짝수단 축)	0.000	mm
시프트 모터 1 위치 (홀수단 축)	9.507	mm
시프트 모터 2 위치 (짝수단 축)	-9.649	mm
클러치 모터 1 전류 (홀수단 축)	0.36	A
클러치 모터 2 전류 (짝수단 축)	0.30	A
시프트 모터 1 전류 (홀수단 축)	0.2	A
시프트 모터 2 전류 (짝수단 축)	0.3	A
셀렉트 1 위치 센서 전압 (홀수단 축)	4.05	V
셀렉트 2 위치 센서 전압 (짝수단 축)	4.037	V
홀수단 축 체결 기어	1	-
짝수단 축 체결 기어	8	-
변속기 타입	6HEV DCT	-
1단 기어 위치	0.000	mm
2단 기어 위치	0.000	mm
3단 기어 위치	0.000	mm
4단 기어 위치	0.000	mm
5단 기어 위치	0.000	mm

☐ 6단 기어 위치	0.000	mm
☐ 7단 기어 위치	0.000	mm
☐ R단 기어 위치	0.000	mm
☐ 1단 기어 싱크 위치	2.791	mm
☐ 2단 기어 싱크 위치	-2.791	mm
☐ 3단 기어 싱크 위치	-2.791	mm
☐ 4단 기어 싱크 위치	2.791	mm
☐ 5단 기어 싱크 위치	2.791	mm
☐ 6단 기어 싱크 위치	2.791	mm
☐ 7단 기어 싱크 위치	0.000	mm
☐ R단 기어 싱크 위치	-2.791	mm
☐ 홀수측 마모보상 장치 작동 횟수	15	-
☐ 짝수측 마모보상 장치 작동 횟수	15	-
☐ 홀수클러치 TS 커브 1	9.443	mm
☐ 홀수클러치 TS 커브 2	10.443	mm
☐ 홀수클러치 TS 커브 3	18.535	mm
☐ 홀수클러치 TS 커브 4	24.598	mm
☐ 짝수클러치 TS 커브 1	8.732	mm
☐ 짝수클러치 TS 커브 2	9.73	mm
☐ 짝수클러치 TS 커브 3	19.250	mm
☐ 짝수클러치 TS 커브 4	25.107	mm

| 센서데이터 | 강제구동 | 멀티미터 | 시뮬레이션 | 저장 데이터 뷰어 | 고장코드 자동검색 | 인터넷 업데이트 | 오실로 스코프 | | |

(5) AHB 진단 데이터

| 고정 출력 ⇕ | 전체 출력 ⇕ | 그래프 ⇕ | 항목 선택 ⇕ | 최대/최소 초기화 | 저장 | 정지 ⇕ | 그룹 | 가상차속 |

센서명	센서값	단위
☐ 엔진 회전수	0	RPM
☐ 차속	0	km/h
☐ 스로틀포지션 센서	7.8	%
☐ 시프트 레버 위치	P,N	-
☐ 배터리 전압	14.8	V
☐ 앞좌측 휠속도	0	km/h
☐ 앞우측 휠속도	0	km/h
☐ 뒤좌측 휠속도	0	km/h
☐ 뒤우측 휠속도	0	km/h
☐ 종방향 가속도 센서	0.00	G
☐ ABS 경고등	OFF	-
☐ EBD 경고등	OFF	-
☐ TCS/VDC 경고등(VDC 사양)	OFF	-
☐ TCS/VDC OFF 경고등(VDC 사양)	OFF	-
☐ ESP OFF 스위치(VDC 사양)	OFF	-
☐ 브레이크 등 스위치	OFF	-
☐ 브레이크 스위치(NC)-VDC 사양	Reserved	-
☐ 비상등 스위치(ESS 사양)	OFF	-
☐ 모터 릴레이	OFF	-
☐ 밸브 릴레이	ON	-
☐ DBC/HAC 브레이크 램프 릴레이(DBC/HAC 사양)	Reserved	-
☐ ESS 브레이크 램프 릴레이(ESS 사양)	Reserved	-
☐ 모터	OFF	-
☐ 앞좌측 인렛 밸브	OFF	-
☐ 앞우측 인렛 밸브	OFF	-
☐ 뒤좌측 인렛 밸브	OFF	-
☐ 뒤우측 인렛 밸브	OFF	-
☐ 앞좌측 아웃렛 밸브	OFF	-
☐ 앞우측 아웃렛 밸브	OFF	-
☐ 뒤좌측 아웃렛 밸브	OFF	-
☐ 뒤우측 아웃렛 밸브	OFF	-
☐ 조향휠각 센서(CAN)-VDC 사양	-3	DEG
☐ 횡방향 가속도 센서(VDC 사양)	0.00	G
☐ 요레이트 센서(VDC 사양)	-0.1	'/s
☐ 브레이크 패달 트래블 센서 - PDT	0	mm
☐ 브레이크 패달 트래블 센서 - PDF	0	mm
☐ 기본 압력 센서 - 정상	1	bar
☐ 기본 압력 센서 - 이상	0	bar
☐ 보조 압력 센서 - 정상	0	bar
☐ 보조 압력 센서 - 이상	0	bar
☐ HPA - 정상	167	bar
☐ HPA - 이상	166	bar
☐ 시뮬레이터 - 정상	0	bar
☐ 시뮬레이터 - 이상	0	bar
☐ AHB 공급 밸브 1	OFF	-
☐ AHB 공급 밸브 2	OFF	-

☐ AHB 해제 밸브 1	OFF	–
☐ AHB 해제 밸브 2	OFF	–
☐ AHB 차단 밸브 1	OFF	–
☐ AHB 차단 밸브 2	OFF	–
☐ AHB 시뮬레이터 밸브	OFF	–
☐ AHB 경고등	OFF	–
☐ RBC 경고등	OFF	–
☐ AHB 서비스 램프	OFF	–
☐ 5V 전원 – PDT	4.988	V
☐ 5V 전원 – PDF	4.988	V
☐ 인라인 – ESS	Completed – ...	–
☐ 인라인 – HAC	Not Applied	–
☐ 인라인 – SPAS	Not Applied	–
☐ 인라인 – AVH	Not Applied	–
☐ 인라인 – EPB Dynamic Braking	Not Applied	–

센서데이터	강제구동	멀티미터	시뮬레이션	저장 데이터 뷰어	고장코드 자동검색	인터넷 업데이트	오실로 스코프		

(6) 에어컨 진단 데이터

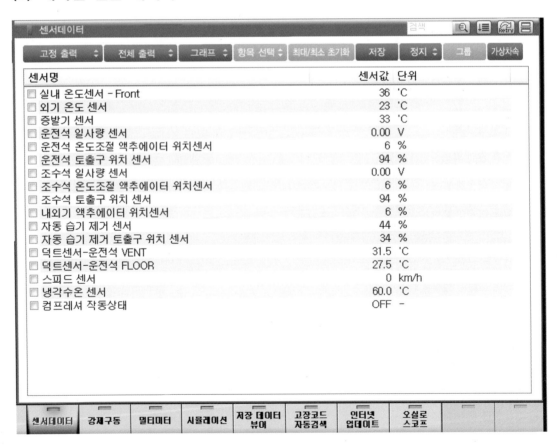

센서데이터					검색				

고정 출력 ⇕	전체 출력 ⇕	그래프 ⇕	항목 선택 ⇕	최대/최소 초기화	저장	정지 ⇕	그룹	가상치속

센서명	센서값	단위
☐ 실내 온도센서 – Front	36	˚C
☐ 외기 온도 센서	23	˚C
☐ 증발기 센서	33	˚C
☐ 운전석 일사량 센서	0.00	V
☐ 운전석 온도조절 액추에이터 위치센서	6	%
☐ 운전석 토출구 위치 센서	94	%
☐ 조수석 일사량 센서	0.00	V
☐ 조수석 온도조절 액추에이터 위치센서	6	%
☐ 조수석 토출구 위치 센서	94	%
☐ 내외기 액추에이터 위치센서	6	%
☐ 자동 습기 제거 센서	44	%
☐ 자동 습기 제거 토출구 위치 센서	34	%
☐ 덕트센서–운전석 VENT	31.5	˚C
☐ 덕트센서–운전석 FLOOR	27.5	˚C
☐ 스피드 센서	0	km/h
☐ 냉각수온 센서	60.0	˚C
☐ 컴프레셔 작동상태	OFF	–

센서데이터	강제구동	멀티미터	시뮬레이션	저장 데이터 뷰어	고장코드 자동검색	인터넷 업데이트	오실로 스코프		

5 레졸버 보정 및 모터제어 데이터 진단·점검·분석

엔진클러치 / 모터레졸버 학습 [참조 P.284, P.306]
조립은 탈거의 역순으로 진행한다.

6 HEV 전자제어 엔진 시스템 진단·점검·분석

(1) 전자제어엔진 진단 데이터

센서명	센서값	단위
센서데이터		
배터리 전압	14.7	V
이그니션 전압(IG ON)	14.6	V
엔진회전수	0	RPM
목표공회전	960	RPM
흡기압(MAP)센서-전압	4.0	V
흡기압(MAP) 센서	1001.4	hPa
냉각수온센서-전압	1.0	V
냉각수온센서	57.0	℃
대기온도센서	27.0	℃
흡기온도센서-전압	1.9	V
흡기온도센서	33.8	℃
엔진 오일 온도	48.0	℃
연료 레벨	44	%
연료탱크 압력	0.0	hPa
산소센서 전압(B1/S2) – Binary 타입(옵션)	0.8	V
산소센서 전압(B1/S1) – Linear 타입(옵션)	1.9	V
차속	0.0	km/h
공기량에 따른 엔진부하	0.0	%
퍼지밸브 듀티	0.0	%
흡기압센서(MAP) 적용	YES	-
공기량센서(MAF) 적용	YES	-
이모빌라이저 적용	YES	-
이그니션 스위치	ON	-
엔진 경고등 상태	OFF	-
연료펌프 릴레이	OFF	-
메인 릴레이	ON	-
스로틀 완전 닫힘	OFF	-
브레이크등 스위치	OFF	-
브레이크테스트스위치	OFF	-
파워스티어링 스위치(옵션)	ON	-
촉매 가열 작동 상태	OFF	-

☑ 공연비 제어 활성화	OFF	-
☑ 에어컨 스위치	OFF	-
☑ 에어컨 상태	OFF	-
☑ 에어컨 컴프레서 ON	OFF	-
☑ 연료 컷 상태	OFF	-
☑ 스로틀 완전 열림	OFF	-
☑ 엔진회전상태	OFF	-
☑ 증발가스 퍼지 컨트롤 활성화	ON	-
☑ 캐니스터닫힘밸브	OFF	-
☑ CMP/CKP 동기화	OFF	-
☑ 산소센서 활성화(B1/S1)	ON	-
☑ 산소센서 활성화(B1/S2)	ON	-
☑ 공연비 연료 보정 활성화(B1/S2)	OFF	-
☑ 과열 보호기능 활성화(B1)	OFF	-
☑ 흡기 CVVT 활성화	OFF	-
☑ 배기 CVVT 활성화(옵션)	OFF	-
☑ 노크 감지(B1/S1)	OFF	-
☑ 연료압력제어 작동	OFF	-
☑ 고압펌프 소음저감제어 작동	ON	-
☑ 림프홈 제어 (연료 저압제어)	OFF	-
☑ 발전제어중지-블로어 MAX ON(AMS)	OFF	-
☑ 배터리 노화 진행률-신품 100%기준(AMS)	66	%
☑ 크랭킹시 배터리 최저 전압(AMS)	4.6	V
☑ 배터리 규격 용량(AMS)	45	Ah
☑ 타이머(IG ON 이후)	655	Sec
☑ 냉각수온(시동시)	57.0	℃
☑ 흡기온도(시동시)	33.8	℃
☑ IG Key ON 이후 경과 시간	655.35	Sec
☑ 흡입 공기량	131.111	mg/stk
☑ 점화시기-실린더 1	2.3	℃RK
☑ 점화시기-실린더 2	2.3	℃RK
☑ 점화시기-실린더 3	2.3	℃RK
☑ 점화시기-실린더 4	2.3	℃RK
☑ 엔진 작동 상태	Stop	-
☑ 토크 컨버터 터빈 스피드	0	RPM
☑ 엔진 오일 온도 산정값	48	℃
☑ 대기압(학습값)	1003.3	hPa
☑ 냉각팬-PWM 듀티(옵션)	10.1	%
☑ 에어컨 압력 센서 전압	1.4	V
☑ 에어컨 압력 센서	118	psi
☑ 파워스티어링 압력센서전압(옵션)	1.3	V
☑ 파워스티어링 압력(옵션)	0.0	MPa
☑ EGRV 센서 전압	3.9	V
☑ EGRV 개도	0.3	%
☑ EGRV 액추에이터 PWM	0.0	%
☑ EGRV 닫힘 위치 학습값 (최대값)	4.0	V
☑ EGRV 닫힘 위치 학습값 (최소값)	3.9	V
☑ EGRV 개도 계산을 위한 기울기값	-33.3	-
☑ EGRV 닫힘 위치 학습값	4.0	V

300

☐ EGRV 유량 학습값	1.1	-
☐ EGRV 데드존 학습값	0.0	cm^2
☐ 최초 운전 싸이클 EGRV 위치 학습 완료	Complete	-
☐ EGRV 데드존 최초 학습 완료	Incomplete	-
☐ 전방 산소센서 내부 저항 (B1)	82	Ohm
☐ 후방 산소센서 내부 저항 (B1)	275	Ohm
☐ 요구 공연비 (B1)	1.0	-
☐ 실제 공연비 (B1)	1.0	-
☐ 공연비순시보정(B1)	0.0	%
☐ 산소센서 히터 듀티(B1/S1)	33.6	%
☐ 산소센서 히터 듀티(B1/S2)	66.5	%
☐ 공연비학습-공회전(B1)	0.0	%
☐ 공연비학습-중부하(B1)	2.8	%
☐ 노킹학습값-실린더 1	0.0	°CRK
☐ 노킹학습값-실린더 2	0.0	°CRK
☐ 노킹학습값-실린더 3	0.0	°CRK
☐ 노킹학습값-실린더 4	0.0	°CRK
☐ 경고등 점등후 주행거리	0	km
☐ 고장코드 소거 후 주행거리	270	km
☐ 실화 횟수(Emission)-실린더 1	0	-
☐ 실화 횟수(Emission)-실린더 2	0	-
☐ 실화 횟수(Emission)-실린더 3	0	-
☐ 실화 횟수(Emission)-실린더 4	0	-
☐ 실화 횟수(촉매)-실린더 1	0	-
☐ 실화 횟수(촉매)-실린더 2	0	-
☐ 실화 횟수(촉매)-실린더 3	0	-
☐ 실화 횟수(촉매)-실린더 4	0	-
☐ 연료탱크 압력 전압	2.5	V
☐ 연료탱크 레벨 센서1 전압	2.8	V
☐ 연료탱크레벨	48.2	%
☐ 스로틀 포지션 개도 1	8.8	°TPS
☐ 스로틀 포지션 개도 2	8.8	°TPS
☐ 스로틀포지션 설정개도	8.7	°TPS
☐ 스로틀 포지션 센서1- 전압	0.9	V
☐ 스로틀 포지션 센서2- 전압	4.1	V
☐ 엑셀 페달 위치	0.0	%
☐ 엑셀 페달 센서 1 전압	0.8	V
☐ 엑셀 페달 센서 2 전압	0.4	V
☐ ETC 모터 듀티	0.0	%
☐ TPS 센서공급전원	5.0	V
☐ CVVT 제어 상태	PASSIVE	-
☐ 흡기측 캠샤프트 현재 위치(B1)	0.0	°CRK
☐ 배기측 캠샤프트 현재 위치(B1)(옵션)	0.0	°CRK
☐ 흡기측 캠샤프트 목표값(B1)	0.0	°CRK
☐ 배기측 캠샤프트 목표값(B1)(옵션)	0.0	°CRK
☐ CVVT 흡기캠축 유지듀티	5.1	%
☐ CVVT 배기캠축 OCV밸브 유지듀티(옵션)	5.1	%
☐ CVVT 흡기캠축 OCV밸브 유지듀티학습값	-1.6	%

☐ CVVT 배기캠축 OCV밸브 유지듀티학습값(옵션)	0.0	%
☐ 배기캠 위치 고장 판정을 위한 차이 누적값	0.0	°CRK*s
☐ 흡기캠 위치 고장 판정을 위한 차이 누적값	0.0	°CRK*s
☐ 배기캠 위치 정상 판정을 위한 기준값	0.0	°CRK*s
☐ 흡기캠 위치 정상 판정을 위한 기준값	0.0	°CRK*s
☐ 레일 압력	178789	hPa
☐ 목표 레일 압력	79999	hPa
☐ 연료압력(전압)	3.1	V
☐ 연료압력 편차(목표값-측정값)	-98789	hPa
☐ 연료압력 레귤레이터(FPR) 열림각	61.9	°CRK
☐ 연료압력 레귤레이터(FPR) 닫힘각	98.3	°CRK
☐ 인젝터-전압증폭기 통과후 전압값	64.0	V
☐ Cyl.1 연료분사시간-2nd 연료분사	0.0	mS
☐ Cyl.2 연료분사시간-2nd 연료분사	0.0	mS
☐ Cyl.3 연료분사시간-2nd 연료분사	0.0	mS
☐ Cyl.4 연료분사시간-2nd 연료분사	0.0	mS
☐ Cyl.1 연료분사시간-1st 연료분사	2.8	mS
☐ Cyl.2 연료분사시간-1st 연료분사	2.8	mS
☐ Cyl.3 연료분사시간-1st 연료분사	2.8	mS
☐ Cyl.4 연료분사시간-1st 연료분사	2.8	mS
☐ 최소 가능 연료량	2.967	mg/stk
☐ 실린더 뱅크 2의 부스트 압력 제어 진단(모니터) 완료 횟...	0	-
☐ 실린더 뱅크 2의 부스트 압력 제어 진단(모니터) 조건 만...	0	-
☐ 실린더 뱅크 1의 각 실린더의 공연비 불균형 진단(모니터...	0	-
☐ 실린더 뱅크 1의 각 실린더의 공연비 불균형 진단(모니터...	0	-

| 센서데이터 | 강제구동 | 멀티미터 | 시뮬레이션 | 저장 데이터 뷰어 | 고장코드 자동검색 | 인터넷 업데이트 | 오실로 스코프 | | |

7 HEV 섀시부품 조립 및 정비작업

정비작업

섀시부품(제동장치, 현가장치, 조향장치, 구동계 부품 등) 분해 정비작업

[참조 P.223]

조립은 탈거의 역순으로 진행한다.

8 HEV 차체 외장부품 조립 및 정비작업

차체 외장부품(후드, 트렁크리드, 휀더, 범퍼, 도어 등) 분해 정비작업

[참조 P.238]

조립은 탈거의 역순으로 진행한다.

9 HEV 차체 내장부품 조립 및 정비작업

차체 내장부품(크래쉬 패드, 스티어링 휠, 센터페시아, 오디오 등) 분해 정비작업

[참조 P.260]

조립은 탈거의 역순으로 진행한다.

6 HEV 차량 진단 실무36)

1 차량 데이터 설정 및 초기화 작업

- 엔진 클러치 액추에이터를 교환 후, GDS장비를 이용하여 아래 순서대로 수행한다.
- 차종, 연식, 엔진사양, 시스템 〉HCU 〉Vehicle S/W Management 〉ID등록 〉 HPCU(MCU/GCU) 자가진단 기능

(1) 엔진 클러치 검차라인 학습 및 진단정보 초기화

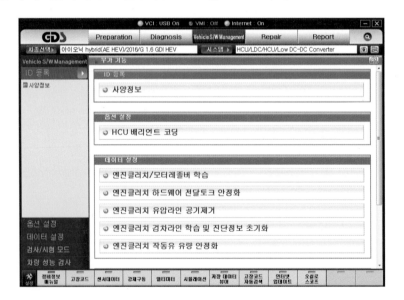

---

36) http://gsw.hyundai.com 현대 아이오닉 2020 G1.6 GDI HEV

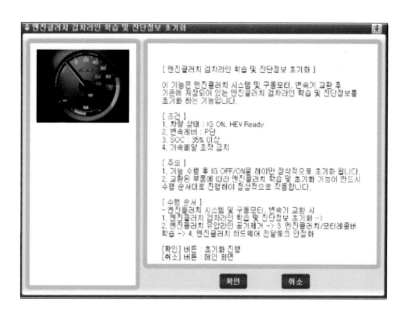

(2) 엔진 클러치 유압라인 공기제거

- 작동유 진공가압주입 장비 이용 시 진공 Max 2.5 Torr, 주입압력을 2.3 ~ 2.5bar로 변경하여 주입한다.
- 상기 방법으로 주입 불가 시, 반드시 0 ~ 40℃ 이상에서 엔진 클러치 유압라인 공기 제거를 진행한다.

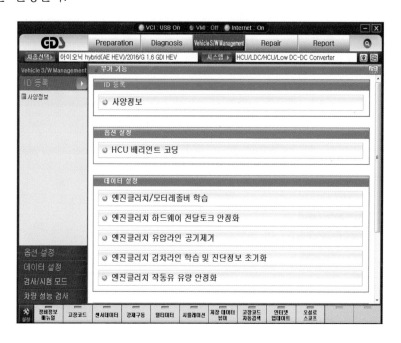

(3) 엔진 클러치/모터레졸버 학습

레졸버 보정 작업은 엔진 또는 HPCU(인버터), 드라이브 모터, 스타터 제너레이터 (HSG), 엔진클러치를 교체하거나, 제거, 재장착할 때마다 필요하다.

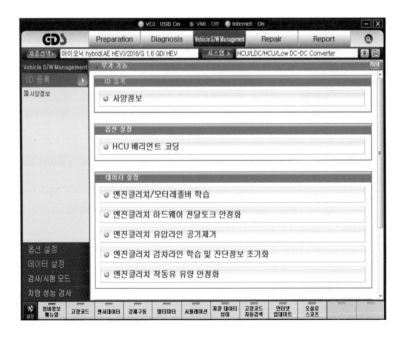

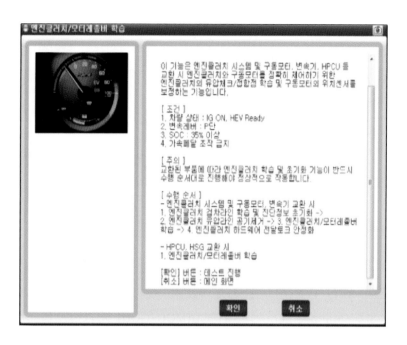

② 엔진 강제구동 모드 진입 절차

차량의 배기가스 검사 또는 정비를 목적으로 정차 중 엔진을 항시 구동상태로 유지할 필요가 있는 경우, 아래 엔진 강제구동 모드 진입 절차에 따른다.

1. 정차상태에서 기어단을 P단에 위치하고 주차 브레이크를 작동한 후, 아래의 순서에 따라 엔진 강제구동 모드 진입을 진행한다. 하기 엔진 강제구동 모드 진입 절차는 60초 이내에 완료하여야 한다. 시간이 초과하였을 경우에는 초기화되므로 진입 절차를 다시 시작한다.
   - 브레이크 페달을 밟지 않은 상태에서 엔진 Start/Stop 버튼을 두 번 눌러서 IG ON 상태에 둔다.
   - 기어단을 P단에 위치하고, 가속 페달을 2회 밟는다.
   - 기어단을 N단에 위치하고, 가속 페달을 2회 밟는다.
   - 기어단을 P단에 위치하고, 가속 페달을 2회 밟는다.
   - 브레이크 페달을 밟은 상태에서 엔진 Start/Stop 버튼을 눌러 엔진 시동을 건 후 아이들 상태를 유지한다.
   ※ 엔진 아이들 유지되며, 기어단을 변경하여도 엔진 강제구동 모드는 유지된다.

2. 엔진 강제구동 모드에 진입하면 클러스터의 "READY" 램프가 점멸하므로, "READY" 램프 점멸 여부를 확인하여 정상적으로 모드에 진입되었는지 확인한다. 엔진 강제구동 모드 진입 후에는 해제 전까지 클러스터의 "READY" 램프가 지속 점멸한다. 진입 해제 후에는 "READY" 램프의 점멸도 해제된다.

3. 엔진 Start/Stop 버튼을 눌러 IG OFF 상태에 진입하면 엔진 강제구동 모드는 해제된 다.

3 HPCU 자가진단

1. GDS 장비를 자기진단커넥터(DLC)에 연결하고 점화스위치를 ON한다.
2. '**차종, 연식, 엔진사양, 시스템**'을 선택한다.
3. 'Vehicle S/W Management'에서 '**HPCU(MCU/GCU) 자가진단**'을 선택한다.
   차종, 연식, 엔진사양, 시스템 〉 MCU 〉 Vehicle S/W Management 〉 ID등록 〉 HPCU(MCU/GCU) 자가진단 기능

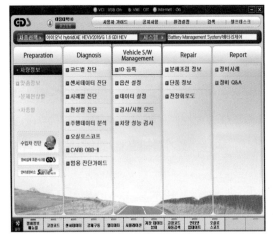 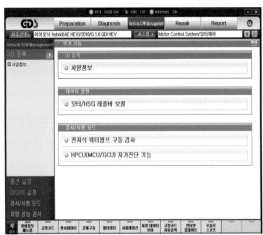

유의사항

※ HPCU(MCU/GCU) 자가진단 수행 전 고장코드를 소거한다.

4. GDS 지시에 따라 'HPCU(MCU/GCU) 자가진단'을 수행한다.

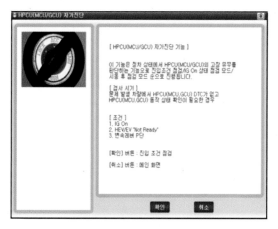 

5. GDS 지시에 따라 모터 & HSG & HPCU의 입출력 커넥터 와이어링을 가볍게 흔들어 준다.

경고

※ 고전압 시스템 관련 작업 시, 반드시 "안전사항 및 주의, 경고" 내용을 숙지하고 준수해야 한다.
미준수 시, 감전 또는 누전 등으로 인한 심각한 사고를 초래할 수 있다.

 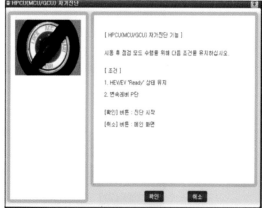

4 고전압 배터리 절연저항 점검

1. 점화스위치를 OFF 한다.
2. GDS를 자기 진단 커넥터(DLC)에 연결한다.
3. 점화 스위치를 ON 한다.
4. GDS 서비스 데이터의 절연 저항을 확인한다.

　　차종, 연식, 엔진사양, 시스템 〉 BMS 〉 배터리 제어 〉 센서데이터 진단 〉

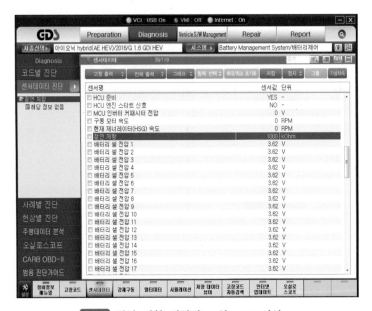

그림 절연 저항 정상값 : 약 1MΩ이상

5 고전압 메인 릴레이 융착 상태 점검

1. 점화스위치를 OFF 한다.
2. GDS를 자기 진단 커넥터(DLC)에 연결한다.
3. 점화 스위치를 ON 한다.
4. GDS 서비스 데이터의 BMS 융착 상태를 확인한다.

   차종, 연식, 엔진사양, 시스템 〉 BMS 〉 배터리 제어 〉 센서데이터 진단 〉

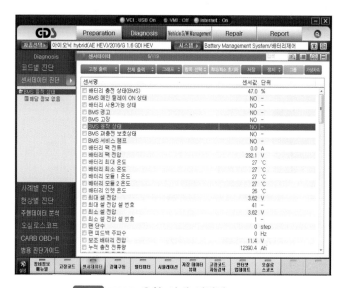

그림 BMS 융착 상태 정상값 : NO

6 고전압 배터리 모듈 점검

1. GDS 장비를 자기진단커넥터(DLC)에 연결하고 점화스위치를 ON한다. 차종, 연식, 엔진사양, 시스템 〉 BMS 〉 배터리 제어 〉 센서데이터 진단 〉

2. 진단기기 고장진단의 "**고장 코드**"를 확인한다.

3. 오른쪽과 같은 고전압 배터리 전압 센싱부 이상/과전압/저전압/전압편 차 고장 코드가 확인되면 불량 모듈

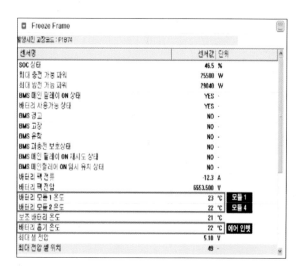

을 확인하고 셀 모니터링 유닛이나 해당 모듈의 교환이 필요하다.

4. 진단기기 서비스 데이터의 **"셀 전압"**, **"배터리 모듈 온도"**를 점검한다.

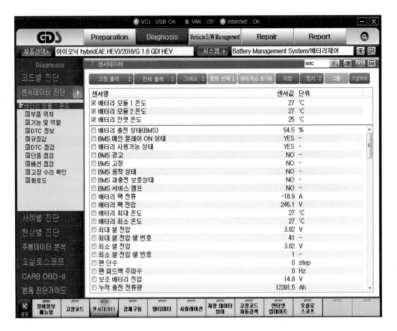

5. 배터리 모듈 온도가 정상이라면 진단기기 서비스 데이터의 **"셀 전압"**을 점검하고 불량 셀의 번호를 확인한다. (셀 1번~64번)

☐ 배터리 셀 전압 1	3.62	V
☐ 배터리 셀 전압 2	3.62	V
☐ 배터리 셀 전압 3	3.62	V
☐ 배터리 셀 전압 4	3.62	V
☐ 배터리 셀 전압 5	3.62	V
☐ 배터리 셀 전압 6	3.62	V
☐ 배터리 셀 전압 7	3.62	V
☐ 배터리 셀 전압 8	3.62	V
☐ 배터리 셀 전압 9	3.62	V
☐ 배터리 셀 전압 10	3.62	V
☐ 배터리 셀 전압 11	3.62	V
☐ 배터리 셀 전압 12	3.62	V
☐ 배터리 셀 전압 13	3.62	V
☐ 배터리 셀 전압 14	3.62	V
☐ 배터리 셀 전압 15	3.62	V
☐ 배터리 셀 전압 16	3.62	V
☐ 배터리 셀 전압 17	3.62	V
☐ 배터리 셀 전압 18	3.62	V
☐ 배터리 셀 전압 19	3.62	V
☐ 배터리 셀 전압 20	3.62	V

☐ 배터리 셀 전압 21	3.62	V
☐ 배터리 셀 전압 22	3.62	V
☐ 배터리 셀 전압 23	3.62	V
☐ 배터리 셀 전압 24	3.62	V
☐ 배터리 셀 전압 25	3.62	V
☐ 배터리 셀 전압 26	3.62	V
☐ 배터리 셀 전압 27	3.62	V
☐ 배터리 셀 전압 28	3.62	V
☐ 배터리 셀 전압 29	3.62	V
☐ 배터리 셀 전압 30	3.62	V
☐ 배터리 셀 전압 31	3.62	V
☐ 배터리 셀 전압 32	3.62	V
☐ 배터리 셀 전압 33	3.62	V
☐ 배터리 셀 전압 34	3.62	V
☐ 배터리 셀 전압 35	3.62	V
☐ 배터리 셀 전압 36	3.62	V
☐ 배터리 셀 전압 37	3.62	V
☐ 배터리 셀 전압 38	3.62	V
☐ 배터리 셀 전압 39	3.62	V
☐ 배터리 셀 전압 40	3.62	V
☐ 배터리 셀 전압 41	3.62	V
☐ 배터리 셀 전압 42	3.62	V
☐ 배터리 셀 전압 43	3.62	V
☐ 배터리 셀 전압 44	3.62	V
☐ 배터리 셀 전압 45	3.62	V
☐ 배터리 셀 전압 46	3.62	V
☐ 배터리 셀 전압 47	3.62	V
☐ 배터리 셀 전압 48	3.62	V
☐ 배터리 셀 전압 49	3.62	V
☐ 배터리 셀 전압 50	3.62	V
☐ 배터리 셀 전압 51	3.62	V
☐ 배터리 셀 전압 52	3.62	V
☐ 배터리 셀 전압 53	3.62	V
☐ 배터리 셀 전압 54	3.62	V
☐ 배터리 셀 전압 55	3.62	V
☐ 배터리 셀 전압 56	3.62	V
☐ 배터리 셀 전압 57	3.62	V
☐ 배터리 셀 전압 58	3.62	V
☐ 배터리 셀 전압 59	3.62	V
☐ 배터리 셀 전압 60	3.62	V
☐ 배터리 셀 전압 61	3.62	V
☐ 배터리 셀 전압 62	3.62	V
☐ 배터리 셀 전압 63	3.62	V
☐ 배터리 셀 전압 64	3.62	V

그림 정상 셀 전압 : 2.5V ~ 4.3V

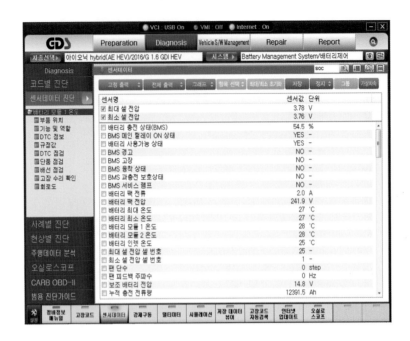

6. 아래 표를 참조하여 위에서 확인한 불량 셀이 포함된 모듈의 번호를 확인한다. (불량 셀이 03번이면 모듈 번호는 1번이다.)

셀 번호	모듈 번호
01 ~ 16	배터리 모듈 #1
17 ~ 32	배터리 모듈 #2
33 ~ 48	배터리 모듈 #3
49 ~ 64	배터리 모듈 #4

7 **고전압 배터리 팩 충전상태(SOC) 점검**

1. GDS 장비를 자기진
   단커넥터(DLC)에 연
   결하고 점화스위치를
   ON한다.

2. GDS 서비스 데이터
   의 고전압 배터리 충
   전상태를 확인한다.
   차종, 연식, 엔진사양,
   시스템 〉 BMS 〉 배
   터리 제어 〉 센서데
   이터 진단 〉

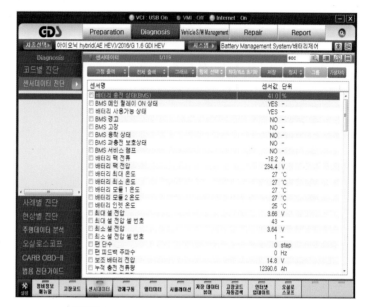

그림 배터리 충전상태(BMS) : 20%~90%

SOC	현상	경고등 조치 사항			조치 사항
		MIL	서비스	연료	
20~90%	• 정상	−	−	−	
10~15%	• 모터 토크 제한 (가속 지연)	−	−	ON	• 재급유 및 SOC 재확인
		ON	−	−	• MIL 또는 서비스 램프 관련 시스템 수리 • 엔진 구동을 통한 배터리 충전 • 필요 시, 재급유
		ON	ON	−	
		−	ON	−	
		ON	ON	ON	
5~10%	• EV 모드 억제 • FATC 억제 • LDC 억제	−	−	ON	재급유 및 SOC 재확인
		ON	−	−	• MIL 또는 서비스 램프 관련 시스템 수리 • 엔진 구동을 통한 배터리 충전 • 필요 시, 재급유
		ON	ON	−	
		−	ON	−	
		ON	ON	ON	
0~5%	• 시동 불가	ON	−	−	• MIL 또는 서비스 램프 관련 시스템 수리 • 배터리 충전을 위해 GDS 장비를 이용한 엔진 시동 • 필요 시, 재급유
		ON	ON	−	
		−	ON	−	
		ON	ON	ON	
0% 이하		ON	−	−	• MIL 또는 서비스 램프 관련 시스템 수리 • 필요 시, 배터리 팩 교환 • 필요 시, 재급유

(1) 배터리 셀 및 팩 전압 점검

1. GDS 장비를 자기진단커넥터(DLC)에 연결하고 점화스위치를 ON한다.
2. GDS 서비스 데이터의 셀 및 팩 전압 항목을 확인한다.

차종, 연식, 엔진사양, 시스템 〉 BMS 〉 배터리 제어 〉 센서데이터 진단 〉

☐ 배터리 셀 전압 1	3.62 V
☐ 배터리 셀 전압 2	3.62 V
☐ 배터리 셀 전압 3	3.62 V
☐ 배터리 셀 전압 4	3.62 V
☐ 배터리 셀 전압 5	3.62 V
☐ 배터리 셀 전압 6	3.62 V
☐ 배터리 셀 전압 7	3.62 V
☐ 배터리 셀 전압 8	3.62 V
☐ 배터리 셀 전압 9	3.62 V
☐ 배터리 셀 전압 10	3.62 V
☐ 배터리 셀 전압 11	3.62 V
☐ 배터리 셀 전압 12	3.62 V
☐ 배터리 셀 전압 13	3.62 V
☐ 배터리 셀 전압 14	3.62 V
☐ 배터리 셀 전압 15	3.62 V
☐ 배터리 셀 전압 16	3.62 V
☐ 배터리 셀 전압 17	3.62 V
☐ 배터리 셀 전압 18	3.62 V
☐ 배터리 셀 전압 19	3.62 V
☐ 배터리 셀 전압 20	3.62 V
☐ 배터리 셀 전압 21	3.62 V
☐ 배터리 셀 전압 22	3.62 V
☐ 배터리 셀 전압 23	3.62 V
☐ 배터리 셀 전압 24	3.62 V
☐ 배터리 셀 전압 25	3.62 V
☐ 배터리 셀 전압 26	3.62 V
☐ 배터리 셀 전압 27	3.62 V
☐ 배터리 셀 전압 28	3.62 V
☐ 배터리 셀 전압 29	3.62 V
☐ 배터리 셀 전압 30	3.62 V
☐ 배터리 셀 전압 31	3.62 V
☐ 배터리 셀 전압 32	3.62 V
☐ 배터리 셀 전압 33	3.62 V
☐ 배터리 셀 전압 34	3.62 V
☐ 배터리 셀 전압 35	3.62 V
☐ 배터리 셀 전압 36	3.62 V
☐ 배터리 셀 전압 37	3.62 V
☐ 배터리 셀 전압 38	3.62 V
☐ 배터리 셀 전압 39	3.62 V
☐ 배터리 셀 전압 40	3.62 V

☐ 배터리 셀 전압 41	3.62	V
☐ 배터리 셀 전압 42	3.62	V
☐ 배터리 셀 전압 43	3.62	V
☐ 배터리 셀 전압 44	3.62	V
☐ 배터리 셀 전압 45	3.62	V
☐ 배터리 셀 전압 46	3.62	V
☐ 배터리 셀 전압 47	3.62	V
☐ 배터리 셀 전압 48	3.62	V
☐ 배터리 셀 전압 49	3.62	V
☐ 배터리 셀 전압 50	3.62	V
☐ 배터리 셀 전압 51	3.62	V
☐ 배터리 셀 전압 52	3.62	V
☐ 배터리 셀 전압 53	3.62	V
☐ 배터리 셀 전압 54	3.62	V
☐ 배터리 셀 전압 55	3.62	V
☐ 배터리 셀 전압 56	3.62	V
☐ 배터리 셀 전압 57	3.62	V
☐ 배터리 셀 전압 58	3.62	V
☐ 배터리 셀 전압 59	3.62	V
☐ 배터리 셀 전압 60	3.62	V
☐ 배터리 셀 전압 61	3.62	V
☐ 배터리 셀 전압 62	3.62	V
☐ 배터리 셀 전압 63	3.62	V
☐ 배터리 셀 전압 64	3.62	V

그림 셀 전압 : 2.5~4.3V

현대자동차 아이오닉HEV : 16셀×4모듈 = 총 64셀(3.75V×64셀 = 240V)

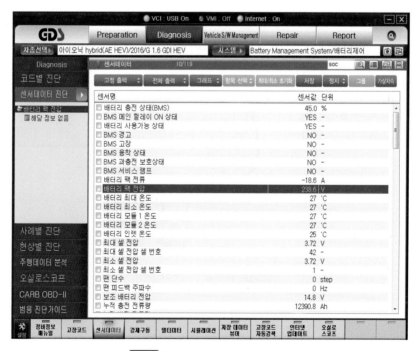

그림 팩 전압 : 180~300V

(2) 전압 센싱 회로 점검

1. 고전압 회로를 차단한다.
2. 배터리 온도 센서를 탈거한다.
3. 배터리 모듈과 BMS ECU의 하네스 커넥터의 와이어링 통전을 확인한다.

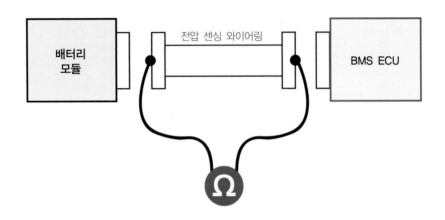

그림 규정값 : 1Ω 이하

4. 하네스 커넥터를 BMS ECU에 연결한다.
5. 접지 단락 점검은 배터리 모듈 하네스 커넥터와 섀시 접지와의 저항을 측정한다.

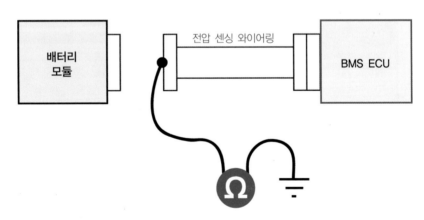

그림 규정값 : 1MΩ 이상

(3) 절연 저항 점검

1. GDS 장비를 자기진단커넥터(DLC)에 연결하고 점화스위치를 ON한다.
2. GDS 서비스 데이터의 절연 저항 항목을 확인한다.

   차종, 연식, 엔진사양, 시스템 〉 BMS 〉 배터리 제어 〉 센서데이터 진단 〉

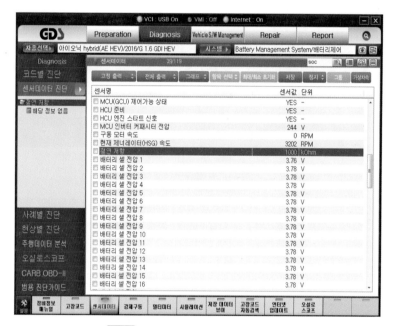

그림 절연 저항 : 약 1MΩ 이상

8 고전압 배터리 SOH(State Of Health) 상태 점검

1. GDS 장비를 자기진단커넥터(DLC)에 연결하고 점화스위치를 ON한다.
2. 진단기기 서비스 데이터의 '**배터리 건강상태**'를 점검한다.

   최대 SOH : 30% 이하

   모듈 교환 가능 : 10% 이하

> **유의사항**
>
> ※ 고전압 배터리 시스템의 최대 SOH가 10% 이상일 경우 신품 고전압 배터리 모듈과의 열화 상태 차이로 인해 제어에 문제가 발생할 수 있으므로 고전압 배터리 모듈 단위 교환을 하지 않는다.

9 고전압 배터리 신품 모듈 교체 시 목표 충전 전압 확인

1. 아래 표를 참고하여 고장코드 확인 과정에서 확인된 불량 모듈에 포함된 셀 번호를 확인한다. (불량 모듈이 2번이면 셀 번호는 17~32번이다.)

셀 번호	모듈 번호
01 ~ 16	배터리 모듈 #1
17 ~ 32	배터리 모듈 #2
33 ~ 48	배터리 모듈 #3
49 ~ 64	배터리 모듈 #4

2. GDS 장비를 자기진단커넥터(DLC)에 연결하고 점화스위치를 ON한다.

   차종, 연식, 엔진사양, 시스템 〉 BMS 〉 배터리 제어 〉 센서데이터 진단 〉

3. 1번 과정에서 확인한 셀 번호를 제외한 정상 모듈에 포함된 셀의 최대 전압과 최소 전압을 진단기기 서비스 데이터의 "**셀 전압**"을 통해 확인한다.

진단 도구 서비스 데이터의 '**셀 전압**'을 통해 일반 모듈에 포함된 셀의 최대 및 최소 전압 (1번 프로세스 중에 식별된 셀 번호는 제외)을 점검한다.

(고장 셀을 포함한 모듈의 셀 번호가 17~32일 경우, 01~16, 33~48, 49~64 셀의 최대 및 최소 전압을 확인한다.)

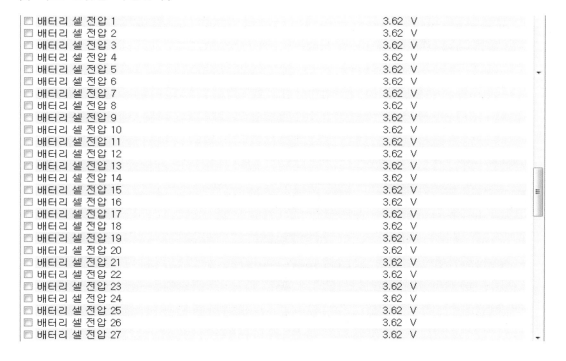

배터리 셀 전압 28	3.62 V
배터리 셀 전압 29	3.62 V
배터리 셀 전압 30	3.62 V
배터리 셀 전압 31	3.62 V
배터리 셀 전압 32	3.62 V
배터리 셀 전압 33	3.62 V
배터리 셀 전압 34	3.62 V
배터리 셀 전압 35	3.62 V
배터리 셀 전압 36	3.62 V
배터리 셀 전압 37	3.62 V
배터리 셀 전압 38	3.62 V
배터리 셀 전압 39	3.62 V
배터리 셀 전압 40	3.62 V
배터리 셀 전압 41	3.62 V
배터리 셀 전압 42	3.62 V
배터리 셀 전압 43	3.62 V
배터리 셀 전압 44	3.62 V
배터리 셀 전압 45	3.62 V
배터리 셀 전압 46	3.62 V
배터리 셀 전압 47	3.62 V
배터리 셀 전압 48	3.62 V
배터리 셀 전압 49	3.62 V
배터리 셀 전압 50	3.62 V
배터리 셀 전압 51	3.62 V
배터리 셀 전압 52	3.62 V
배터리 셀 전압 53	3.62 V
배터리 셀 전압 54	3.62 V
배터리 셀 전압 55	3.62 V
배터리 셀 전압 56	3.62 V
배터리 셀 전압 57	3.62 V
배터리 셀 전압 58	3.62 V
배터리 셀 전압 59	3.62 V
배터리 셀 전압 60	3.62 V
배터리 셀 전압 61	3.62 V
배터리 셀 전압 62	3.62 V
배터리 셀 전압 63	3.62 V
배터리 셀 전압 64	3.62 V

6. 5번 과정에서 확인된 최대 전압과 최소 전압을 아래의 계산식에 대입하여 신품 모듈
교체 시 목표 충전 전압을 계산한다.

$$목표충전전압 = \frac{(최대전압 + 최소전압)}{2} \times 신품\,모듈\,셀갯수$$

참고 불량 모듈을 제외한 정상 모듈의 셀에서 최소/최대 셀 전압 계산 필요

모듈번호	배터리 모듈 #1	배터리 모듈 #2		배터리 모듈 #3	배터리 모듈 #4
셀 번호	1~16	17~31	32	33~48	49~64
셀 전압	3.62~3.64V	3.62V	3.32V	3.61~3.63V	3.62~3.63V
구분	정상	정상	불량	정상	정상

1) 전압 불량인 32번 셀이 포함된 2번 모듈은 신품으로 교체 필요하므로 계산에서 제외
2) 1번 모듈을 제외한 1,3,4번 모듈의 최소/최대 셀 전압을 서비스 데이터에서 확인
3) 목표 충전 전압 계산 $\frac{(3.64\,V + 3.61\,V)}{2} \times 16 = 58\,V$
4) 목표 충전 전압 58V로 신품 모듈을 충전 또는 방전 후 2번 모듈로 교체

10 메인 릴레이, 프리차저 릴레이, 팬 강제 구동 점검

1. 고전압 회로를 차단한다.
2. 고전압 배터리 리어 커버를 탈거한다.
3. GDS 장비를 자기진단커넥터(DLC)에 연결하고 점화스위치를 ON한다.
4. GDS 강제구동 기능을 이용한다.

   차종, 연식, 엔진사양, 시스템 > 강제구동

강제구동 항목	팬구동 1~9 팬중지 메인 릴레이 (−) ON 프리차저 릴레이 ON 메인 릴레이 (−), 프리차저 릴레이 동시 ON 메인 릴레이 (−),메인 릴레이 (+) ON(정상연속 수행) 메인 릴레이 (−)(+), 프리차저 릴레이 동시 OFF 메인 릴레이 (+) ON

릴레이 ON 시, 릴레이 작동음 발생 ('틱', '톡')한다.
팬 구동시 고전압 배터리 쿨링팬이 작동한다.

11 배터리 전류센서 점검

1. GDS 장비를 자기진단커넥터(DLC)에 연결하고 점화스위치를 ON한다.
2. GDS 서비스 데이터에서 배터리 전류를 확인한다.

   차종, 연식, 엔진사양, 시스템 > BMS > 배터리 제어 > 센서데이터 진단 >

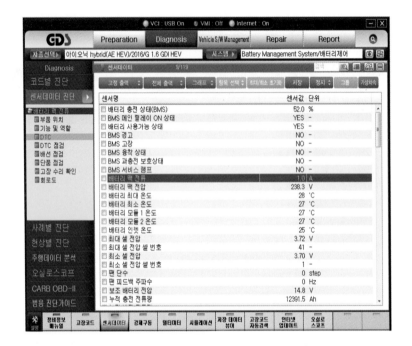

배터리 전류센서 전류값(A)	출력전압값(V)
-300(충전)	0.5
0	2.5
300(방전)	4.5

12 고전압 배터리 쿨링팬 점검

1. GDS 장비를 자기진단커넥터(DLC)에 연결하고 점화스위치를 ON한다.
2. BMS 익스텐션 커넥터에 오실로스코프 프로브를 연결한다.

쿨링 팬 속도 파형	BMS 커넥터 B01-S(4)
쿨링 팬 피드백 파형	BMS 커넥터 B01-S(18)

3. GDS 장비를 이용하여 강제 구동 실시(1단~9단) 후 "**팬 구동 단수에 따른 전류 및 파형**"을 점검한다.

차종, 연식, 엔진사양, 시스템 〉 강제구동

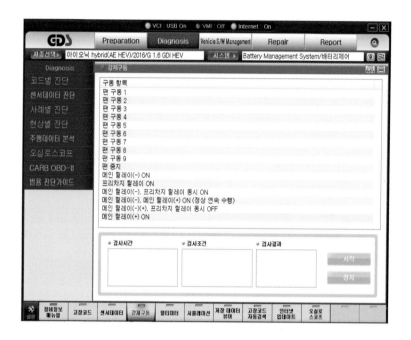

[규정값]

듀티 (%)	팬 회전수 (rpm)
10	500
20	1,000
30	1,300
40	1,600
50	1,900
60	2,200
70	2,500
80	2,800
90(최대)	3,100
95(최대)	3,850

	팬 전류(A)	팬 모터 회전수(RPM)
1단	0.2	1,003
2단	0.3	1,239
3단	0.5	1,480
4단	1.0	1,998
5단	1.4	2,257
6단	1.9	2,502
7단	2.6	2,797
8단	3.5	3,088
9단	3.6	3,110

[쿨링 팬1단]

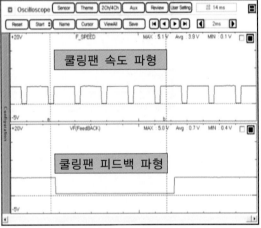

[쿨링 팬 9단]

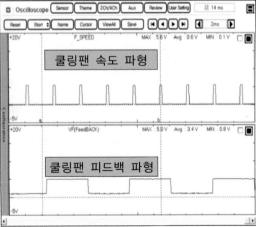

◉ 집필진

이정호 　대림대학교 미래자동차학부 교수
함성훈 　대림대학교 미래자동차학부 교수
국창호 　대림대학교 미래자동차학부 교수

xEV시리즈 2
하이브리드 이론과 실무

초판 발행 ▌ 2022년 1월 10일
제1판3쇄 발행 ▌ 2024년 2월 28일

지 은 이 ▌ 이정호 · 함성훈 · 국창호
발 행 인 ▌ 김길현
발 행 처 ▌ (주)골든벨
등 　 록 ▌ 제 1987—000018 호 　 ⓒ 2022 Golden Bell
I S B N ▌ 979-11-5806-554-6
가 　 격 ▌ 22,000원

이 책을 만든 사람들

교 정 및 교 열 | 이상호
제 작 진 행 | 최병석
오 프 마 케 팅 | 우병춘, 이대권, 이강연
회 계 관 리 | 김경아

편 집 · 디 자 인 | 조경미, 박은경, 권정숙
웹 매 니 지 먼 트 | 안재명, 서수진, 김경희
공 급 관 리 | 오민석, 정복순, 김봉식

⊕ 04316 서울특별시 용산구 원효로 245(원효로1가 53-1) 골든벨빌딩 5~6F
● TEL : 도서 주문 및 발송 02-713-4135 / 회계 경리 02-713-4137
　　　편집 및 디자인 02-713-7452 / 해외 오퍼 및 광고 02-713-7453
● FAX : 02-718-5510 　 ● http : // www.gbbook.co.kr 　 ● E-mail : 7134135@ naver.com

www.gbbook.co.kr

www.gbbook.co.kr